Las matemáticas de los faraones

1ª edición: 2012

Imagen de portada: *Las pirámides de Gizeh*. Litografía del siglo XIX (detalle).

© NIVOLA libros y ediciones, S.L.
Apartado de Correos 113. 28760 Tres Cantos
Tel.: 902 105 185
www.nivola.com
contacto@nivola.com

ISBN: 978-84-92493-93-7
Depósito legal: M-16172-2012

Las matemáticas de los faraones

Ricardo Moreno Castillo

48

La matemática en sus personajes

nivola
LIBROS
EDICIONES

A mi nieto Alejandro

–Me esperan en Egipto– respondió la golondrina. Mañana mis amigas volarán hacia la segunda catarata. Allí el hipopótamo se acuesta entre los juncos y el dios Memnón se alza sobre un enorme trono de granito. Durante la noche observa las estrellas, y cuando brilla la estrella de la mañana lanza un grito de alegría y luego calla. A mediodía, los rojos leones bajan a beber a la orilla del río. Sus ojos son como verdes aguamarinas y sus rugidos son más atronadores que los rugidos de la catarata.

OSCAR WILDE

Índice

Introducción

Desde los griegos hasta nosotros, la civilización egipcia ha ejercido una fascinación permanente. De Tales de Mileto se cuenta que viajó por Egipto y que de allí trajo las reglas prácticas para calcular las superficies de los terrenos, así como algunos procedimientos de construcción (y quizás la idea de que el agua estaba en el principio de todas las cosas). También Pitágoras, dicen, fue a conocer el país del Nilo, pasó temporadas en Menfis y Heliópolis, y tuvo ocasión de tratar a los sacerdotes de los ritos iniciáticos. Al historiador griego Herodoto le debemos las primeras noticias de su historia. Demócrito de Abdera heredó de su padre una pequeña fortuna que gastó en viajar. Visitó la India, Persia y, por supuesto, Egipto. El matemático Eudoxo de Cnido pasó una temporada en Menfis, y pudo aprender la matemática de los faraones. Platón, a la muerte de Sócrates, desconsolado por la pérdida de su maestro y también incómodo por la situación política de Atenas, dedicó algunos años a vagar por el mundo. En su periplo no pudo faltar el valle del Nilo, donde se puso al corriente de la astronomía egipcia, y en varios de sus *Diálogos* dejó ver su simpatía por Egipto y sus creaciones culturales. Este aprecio fue contagiado a su discípulo Aristóteles, quien en su *Metafísica* reconoce en los egipcios a los primeros descubridores en matemáticas (y lo atribuye, curiosamente, a que tenían una casta sacerdotal que disponía de tiempo libre), y en otro lugar sostiene que se les deben muchos de los conocimientos astronómicos de la humanidad. En la *Política* dice de ellos que son el pueblo más antiguo, lo cual explica su prioridad en tantos descubrimientos, y que fueran los primeros en dotarse de unas leyes y de una estructura política.

A partir de Alejandro Magno, Egipto pasó a formar parte del mundo griego y las dos culturas, la egipcia y la helenística, tendrían ocasión de fundirse en la ciudad de Alejandría, que fue el centro del saber durante siglos. Después fue provincia romana y, siglos más tarde, pasó a formar parte del mundo árabe. La cultura faraónica fue desdibujándose bajo las que se superpusieron a ella, pero el interés por la vieja civilización nunca desapareció del todo, siempre viva en la imaginación de alquimistas, pseudocientíficos y amantes de las historias fabulosas. Hasta que a finales del siglo XVIII nace la egiptología como disciplina científica, y a partir de entonces tenemos conocimiento muy de primera mano de esta cultura tan admirada por los antiguos griegos. Las fuentes documentales se han hecho accesibles y podemos conocer directamente sus aportaciones y conocimientos matemáticos, de los que hasta no hace mucho solo teníamos noticia por el testimonio de los viajeros que visitaron el país. Dar a conocer esta matemática es el objeto de este libro.

Hago constar mi gratitud a José Manuel Vegas Montaner por sus consejos y orientaciones bibliográficas, y a Juan Ángel Argelina Díaz, Angelines Prieto Yerro y José Villarta Moset, quienes leyeron con mucha atención el manuscrito, enmendaron equivocaciones y propusieron notables mejoras.

1 Egipto y su historia

Desde el corazón de África hasta el mar Mediterráneo, recorriendo el límite oriental del desierto del Sahara, fluye el segundo río más largo del mundo. Nosotros lo llamamos Nilo (palabra de origen griego), pero para los pueblos que habitaban en sus orillas era simplemente "el Río". Al desembocar forma un delta y sus aguas se reparten entre varios brazos, a los que se llama a veces "las siete bocas del Nilo".

Nadie en el mundo antiguo fue capaz de remontar su curso hasta las fuentes, y el lugar de nacimiento del Nilo fue un misterio muy bien guardado durante muchos siglos. En opinión de Plinio el Viejo, su origen estaba en las montañas de la Baja Mauritania y, en algunos intervalos de su recorrido, fluía bajo tierra. En el año 1858 el explorador británico John Hanning Speke, durante un viaje de exploración por el África central cuyo objetivo era localizar los Grandes Lagos, llegó a la orilla sur de una inmensa masa de agua. Convencido de haber encontrado las fuentes del Nilo, le dio el nombre de Lago Victoria, en honor a quien entonces reinaba en su país. Richard Francis Burton (célebre, entre otras muchas cosas, por su traducción al inglés de *Las mil y una noches*), que le acompañaba en el viaje, juzgó precipitada la conclusión. Esta disparidad de criterios dio lugar a una controversia en el seno de la comunidad científica que animó a muchos otros aventureros a intentar confirmar o impugnar la conjetura de Speke. Entre ellos el conocido explorador y misionero David Livingstone, que fracasó en su intento al desplazarse demasiado al Oeste y entrar en la cuenca del Congo. Finalmente fue el explorador galés Henry Morton Stanley quien, al circunnavegar el lago Victoria y llegar a las cataratas Rippon en la orilla norte, demostró que Speke estaba en lo cierto.

El río Kagera, el mayor río tributario del lago Victoria, nace en Burundi. Su cabecera es la fuente del Nilo más alejada del Mediterráneo. Así considerado, el Nilo-Kagera es el segundo río más largo del mundo, con una longitud de 6.756 kilómetros, solo superado por el Amazonas en poco más de 300 kilómetros.

A lo largo de su recorrido el Nilo cae hasta seis veces formando cataratas, que se suelen enumerar desde la desembocadura hacia el interior. Al comenzar la primavera se deshielan las nieves de las montañas del África centro-oriental y grandes cantidades de agua alimentan a los ríos de la región. El Nilo se desborda a partir del mes de julio y recupera su cauce normal en octubre. Al retirarse las aguas dejan un poso de cieno, y de esta manera el terreno a lo largo de las orillas del río se renueva constantemente y se mantiene siempre fértil. Gracias a esto, alrededor del tramo más septentrional, entre el mar y la primera catarata (en el país que nosotros conocemos como Egipto, pero que sus habitantes llamaban "Jem"), surgió una de las civilizaciones más antiguas del mundo. El historiador griego Herodoto escribió que "Egipto es un regalo del Nilo", porque el Nilo fertilizaba las tierras, proporcionaba papiro y pescado, y era también una eficaz vía de transporte para mercancías y personas. Las zonas desérticas que quedan fuera del alcance de las inundaciones protegen parcialmente a Egipto, que solo ha podido ser invadido

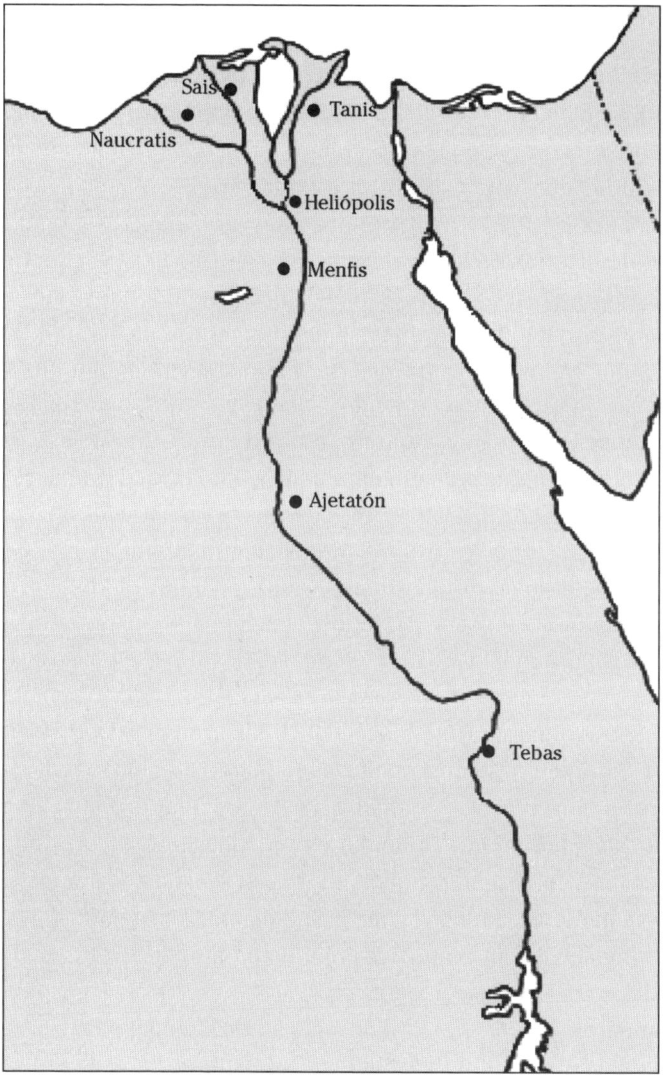

desde el delta o por el mismo valle, desde el sur. Por todas estas razones, Egipto ha conservado durante cinco mil años una fisonomía propia, y no existe ningún otro lugar que permita estudiar a lo largo de un intervalo de tiempo tan dilatado el proceso de formación, cenit y ocaso de una religión y una cultura.

Fuentes para conocer la historia de Egipto

De los primeros dos mil años de la civilización egipcia, entre el 5000 y 3000 a.C., se sabe poco. La escritura todavía no se había inventado, y este período de tiempo se ha de considerar como parte de la prehistoria egipcia.

A partir del 600 a.C. los griegos, viajeros impenitentes y curiosos insaciables, empezaron a interesarse por Egipto y a visitarlo. Entre ellos, el ya citado Herodoto, contemporáneo de Pericles, a quien debemos las primeras noticias sobre la vieja civilización, basadas parte en observaciones propias y parte en testimonios ajenos y tradiciones orales. Herodoto fue criticado por algunos estudiosos posteriores, empezando por el propio Tucídides, que lo tildaban de poco riguroso con los datos. Con todo, su obra se convirtió en fuente indispensable para los historiadores del mundo antiguo, y Cicerón llegó a decir de él que era "el padre de la historia".

Hacia el año 60 a.C. el historiador griego Diodoro Sículo (o de Sicilia) visitó Egipto. A su historia y costumbres dedicó un capítulo de su vasta obra (una *Biblioteca Histórica* en cuarenta volúmenes). También lo hizo poco después el geógrafo Estrabón, quien recorrió el Nilo hasta la primera catarata y dejó recogido en una *Geografía* todo lo que aprendió en sus viajes. Ahora bien, ni Herodoto, ni Diodoro, ni Estrabón entendían la vieja escritura egipcia (ya plenamente desarrollada desde poco después del 3000 a.C.), y en consecuencia no pudieron basarse en documentos escritos. Aludieron a ella como una incomprensible escritura de imágenes y la llamaron *jeroglífica*, refiriéndose a su posible carácter religioso.

Pero la más detallada historia de Egipto la escribió el sacerdote Manetón, alrededor del año 280 a.C., cuando el país estaba gobernado por la dinastía griega de los Ptolomeos. Lamentablemente, ni la historia de Manetón ni las fuentes por él utilizadas han sobrevivido, y solo tenemos algunos fragmentos citados por autores posteriores. Concretamente han llegado hasta nosotros listas de gobernantes egipcios recuperadas por Eusebio de Cesárea, un escritor cristiano del siglo III que escribió un compendio de la historia universal. Lo que ha subsistido de *La historia de Egipto* de Manetón está publicado en Alianza Editorial, en una traducción de César Vidal.

Desde entonces, y hasta que se supieron leer los jeroglíficos, las más valiosas fuentes para conocer el antiguo Egipto permanecerían secas durante mucho tiempo. Horapolo, un gramático del siglo V d.C., compuso un tratado sobre la escritura jeroglífica, considerándola ideográfica. Esta conjetura fue tenida por cierta durante muchos años, lo cual tuvo dos malas consecuencias. La primera, que cualquier diletante pudiera dejar volar su fantasía buscando sentido simbólico a las imágenes, llegando a veces a conclusiones delirantes, y la segunda, desviar del camino correcto a los investigadores serios.

Muchos años después de Horapolo, ya muriendo el siglo XVIII, tuvo lugar un hecho importantísimo. Un ejército francés combatía en Egipto bajo las órdenes del general Napoleón Bonaparte. El capitán Pierre François Bouchard, trabajando en la reparación de un fuerte, encontró una piedra negra, parte de una estela de granodiorita (roca plutónica muy semejante al granito) con una inscripción en tres lenguas y tres escrituras distintas: griega antigua, jeroglífica y demótica (una abreviación de la jeroglífica). El fuerte estaba cerca de la ciudad portuaria de Rashid, que los europeos llamaban Rosetta, y por esta razón la piedra se llamó desde entonces "la piedra Rosetta". Bouchard se dio cuenta de la importancia del hallazgo y depositó la estela en el Instituto de Egipto que el propio Napoleón había creado unos años antes. Pero la campaña acabó con la derrota de Bonaparte y la victoria de los ingleses, quienes se incautaron de parte de las antigüedades halladas por los franceses. Así, la piedra Rosetta fue parar al Museo Británico, y es desde entonces una de sus piezas más visitadas.

Muchos y muy buenos filólogos se volcaron en el estudio comparativo de los tres textos de la piedra, por ver si de esa comparación

La piedra Rosetta (Museo Británico, Londres).

se podría descifrar la escritura egipcia. Todos se estrellaron porque, sin más discusión, daban por buena la hipótesis de Horapolo. Hasta que llegó Jean François Champollion, quien se atrevió a cuestionarla, y así se puso en el camino correcto.

Champollion había nacido en Figeac, pequeño pueblo del sur de Francia, en el año 1790. Desde muy niño dio pruebas de una inteligencia prodigiosa, pero fue mal alumno en la escuela de su pueblo. Su hermano mayor, un filólogo competente, se lo llevó consigo a Grenoble y se preocupó por su educación. A los once años Champollion demostró un enorme interés por el latín y el griego y comenzó a dedicarse con extraordinario aprovechamiento al estudio del hebreo. Por entonces conoció al célebre matemático Jean-Baptiste-Joseph Fourier, quien había estado en Egipto y era además arqueólogo aficionado. Impresionado por la inteligencia del niño, le invitó a ver su colección de antigüedades. Por primera vez ve unos papiros con escritura jeroglífica, y pregunta a Fourier si eso se podía leer. Al recibir una respuesta negativa dice: "dentro de unos años, cuando sea mayor, yo los leeré". A los trece empieza a estudiar árabe, sirio, caldeo y copto. Sus intereses son enormes, pero se centra sobre todo en lo que de alguna manera tiene que ver con Egipto. Estudia también chino, en un intento de aclarar su parentesco con el egipcio antiguo. Sus estudios en la academia de Grenoble terminan con la exposición de un esbozo de lo que sería su libro *Egipto bajo los faraones*. Después pasa dos años en París, pero rehuye todos los encantos de la ciudad. Se encierra en bibliotecas, profundiza en los idiomas que ya conoce, y comienza el estudio del sánscrito y el persa. Todo ello en medio de innumerables estrecheces de las que a duras penas le libra su hermano. Pero su mayor preocupación, que llega a ser casi obsesiva, es el estudio de la piedra Rosetta. En 1809 vuelve a Grenoble y, a la edad de diecinueve años, es nombrado profesor de la universidad. Sus preocupaciones materiales parecen haber terminado, pero la tranquilidad dura poco. Champollion estaba convencido de que la única forma razonable del estado es la república, y no simpatizaba ni con Napoleón ni con la restauración borbónica. Es destituido de su cátedra y vuelve a vivir a salto de mata, pero es entonces cuando empieza el trabajo de desciframiento definitivo de los jeroglíficos. Y la luz vino en cuanto comprendió que el camino trazado por Horapolo no llevaba a ningún lugar: las imágenes jeroglíficas eran representativas de sonidos. Empezó fijándose en los nombre de los reyes. El texto de la piedra Rosetta alude al rey Ptolomeo Epífanes (el quinto de la dinastía de los Ptolomeos, cuyo reinado se extiende entre los años 205 y 181 a.C.). En el lugar del texto egipcio donde era presumible que estuviera el nombre del rey había un grupo de signos dentro de un óvalo. Era razonable suponer que la palabra más digna de ser resaltada mediante este óvalo (que los especialistas llaman *cartucho*) fuera el nombre del rey. La suposición resulto certera, y de este modo fue posible identificar algunos signos jeroglíficos con algunas letras. Ya tenía el extremo de la enredada madeja. Siguió estudiando textos que llegaban a Europa, más antiguos que la piedra Rosetta, hasta alcanzar el otro extremo de la madeja. En el año 1822 escribió una carta al secretario de la Academia de Inscripciones de París dando cuenta de sus descubrimientos, y dos años más tarde publicó su obra *Resumen del sistema jeroglífico de los antiguos egipcios*. En 1826 le llegó el reconocimiento público y fue nombrado conservador de la colección egipcia del museo del Louvre. En 1828 pudo visitar Egipto y cumplir así el mayor anhelo de su vida. Formó parte de una expedición franco-italiana en la que también iban, además de otros egiptólogos, artistas, delineantes y arquitectos. Desembarcaron en Alejandría, fueron al Cairo, donde vieron por vez primera las pirámides, llegaron hasta Asuán, al sur del país, y se internaron en Nubia. La historia de este viaje, con todas las licencias que se permiten a un buen escritor, está muy bien contada en la novela *Champollion l'egyptien*, del francés Christian Jacq. La traducción española lleva por título *El egiptólogo*, y está publicada por la editorial Debolsillo.

Después de dieciocho meses de trabajo de campo su salud comenzó a resentirse. Volvió a Francia, ya muy deteriorado, para intentar acabar su obra más ambiciosa, su *Gramática egipcia*. En 1831 fue nombrado profesor del Colegio de Francia, donde ocupó la primera cátedra de egiptología creada en el mundo, pero poco pudo disfrutar de la nueva situación. Falleció en 1832. Sus restos reposan en el cementerio de Père Lachaise de París. La *Gramática egipcia* fue publicada póstumamente gracias a los buenos oficios de su hermano mayor, que tanto le había ayudado y que había sido su primer mentor.

Gracias a Champollion la escritura jeroglífica se hizo accesible y los textos egipcios dejaron de ser un misterio. Desde su tiempo hasta hoy el conocimiento de la historia de Egipto ha dado pasos de gigante. Uno de quienes más y mejor aprovecharon el legado de Champollion fue el egiptólogo alemán Karl Richard Lepsius, quien vivió entre los años 1810 y 1884, y descubrió el "Decreto de Canopus", un documento bilingüe en griego y demótico que complementa muy bien a la piedra Rosetta para la comprensión del lenguaje jeroglífico. Además, fue el primer editor y traductor de lo que llamamos habitualmente *El libro de los muertos* (el título original podría traducirse como *La salida al día*), una recopilación de plegarias y sortilegios para ayudar a los difuntos en su camino hacia el más allá.

Período Arcaico

La parte norte de Egipto, la región triangular abarcada por el delta del Nilo, se conoce habitualmente como el Bajo Egipto, y la parte sur, hasta la primera catarata, como el Alto Egipto. La lista de reyes de Manetón comienza con Menes, el primero que unificó ambos, hacia al año 3100 (todas las fechas, salvo que se advierta lo contrario, son antes de Cristo), después de gobernar el Alto Egipto, cuya capital estaba en Nejen. Para mejor controlar ambos territorios hizo construir una ciudad fronteriza, a poca distancia hacia el sur del vértice inferior del delta. La llamaron Jikuptah (nombre del cual podría proceder la palabra "Egipto"), pero los griegos la conocían como Menfis, y es ese nombre el que conservaría a lo largo de su historia.

Manetón clasificó a los gobernantes egipcios en dinastías, hasta treinta llegó a inventariar, cada una de ellas compuesta por los miembros de una misma familia. Así, Menes es el primer rey de la primera dinastía. Los historiadores posteriores agruparon estas dinastías en imperios, períodos de una cierta estabilidad, separados entre sí por etapas de disgregación y desorden. La época anterior a Menes se conoce como predinástica, y es entonces cuando colonos de muy distintas procedencias se van estableciendo en las cercanías del Nilo. Aprendieron a aprovechar eficazmente el agua, a fundir el cobre, y desarrollaron modelos de vida urbana que dieron lugar a pequeños estados.

El período que cubre las dos primeras dinastías, de unos cuatro siglos, suele llamarse Arcaico, y sobre su historia se conoce poco. Sí sabemos que durante este período Egipto prospera y la figura del rey, símbolo del bienestar a ojos del pueblo, se va divinizando cada vez más. Llega a convertirse en un dios encarnado en forma humana cuya misión principal consistía en garantizar el equilibrio divino frente a las fuerzas del caos. La religión egipcia es heredera de los diversos cultos locales surgidos durante la era predinástica, cada uno con su propia mitología, pero todas ellas variaciones sobre el tema de los ciclos naturales del sol y el Nilo. Con el tiempo, se fueron fundiendo unos con otros hasta dar lugar a la religión oficial del estado, centrada en el dios Osiris, quien habría enseñado a los egipcios las artes y la agricultura. Según una leyenda (cuyo fundamento remoto pudo estar en sucesos ocurridos al comienzo del período Arcaico), Osiris fue muerto por su hermano menor Set, quien troceó su cadáver y esparció los fragmentos por todo Egipto. Isis, la esposa de Osiris, localizó todos los restos salvo uno y lo devolvió a la vida. Pero, incompleto como estaba, Osiris no pudo gobernar el mundo de los vivos y descendió al mundo subterráneo, y allí reina sobre las almas de los muertos. Horus, el hijo de Osiris e Isis (representado habitualmente con cabeza de halcón), mató a Set. La leyenda concuerda muy bien con el ciclo del sol. Osiris representa el sol poniente, que desciende agonizante al mundo subterráneo por culpa de Set, que representa a la noche. Horus es el sol naciente, que mata a la noche. El faraón encarna a Horus mientras está vivo y a Osiris después de muerto. Con todo, y aun después de la reunificación, las ciudades seguían apegadas a sus propios dioses. En Onu (que los griegos llamarían Heliópolis) se adoraba a la deidad solar Ra, en Tebas a Amón, símbolo del poder creador, y en Menfis a Path y Hathor (identificados, con el tiempo, a Osiris e Isis).

Para que el hombre pueda participar en el ciclo y vivir más allá de la muerte, hay que rendir el debido culto a los dioses. Las plegarias que habían de ser repetidas y los rituales necesarios están recogidos en el ya mencionado *Libro de los muertos*. También se pueden encontrar en él métodos para la conservación de cadáveres, porque la salvación en la otra vida precisaba la presencia física del cuerpo. Los órganos internos se extraían, y el resto se trataba con productos químicos y se envolvían en vendas impermeabilizadas con pez. Los cadáveres así embalsamados se llamaron *momias*, palabra de origen persa que significa precisamente pez.

Por si la conservación se malograba, se usaban otros métodos para duplicar la vida. Se enterraban con el difunto objetos que había usado, y las paredes de la tumba se cubrían con inscripciones y pinturas que narraban o representaban escenas de su vida. Estas inscripciones y pinturas han sido valiosas fuentes para conocer las actividades cotidianas en Egipto. Además, era importante situar las tumbas fuera del alcance de las crecidas del Nilo y en su zona occidental, en el desierto, por donde se ponía el Sol, porque allí iniciaba el difunto su viaje hacia el más allá. Ahora bien, estos métodos para garantizar la supervivencia de ultratumba, tan elaborados y caros, se usaron en principio solo con los reyes como representante del pueblo ante los dioses. Si el rey entraba en relación con los dioses conforme a los rituales prescritos, el Nilo rebosaría, las cosechas serían abundantes, y la enfermedad y la penuria se mantendrían a distancia. El rey era Egipto.

Pero pronto los egipcios más acomodados empezaron a anhelar un trato semejante. Aspiraron a ser enterrados en tumbas y a ser momificados. Esto proporcionó a la religión una mayor base, pero favoreció la desviación de riqueza y energías a una actividad tan estéril como es la de los enterramientos. Las primeras tumbas eran unas construcciones con forma de tronco de pirámide de base rectangular. No sabemos qué nombre les daban los antiguos egipcios, pero los árabes las llamaron *mastabas*, y así las seguimos llamando nosotros. Las primeras mastabas fueron fabricadas con adobe, ladrillo cocido, pero con el tiempo llegarían a ser de piedra. Al oeste de Menfis, en la actual ciudad de Sakkara, está una de las mayores necrópolis de Egipto. Las mastabas más antiguas pertenecen a reyes de la primera y segunda dinastías.

El Imperio Antiguo

Con el fin de la segunda dinastía y la entronización de la tercera comienza el período que los historiadores llaman Imperio Antiguo. Zoser, el primer rey, llegó al poder hacia el año 2680. El personaje más relevante de su reinado fue su consejero Imhotep, el primer científico de la historia cuyo nombre ha llegado hasta nosotros. Tuvo fama como médico y mago, tan es así que siglos después fue incorporado al panteón egipcio como dios de la medicina. Se cuenta de él que, presintiendo años de sequía, mandó almacenar durante la época de bonanza los excedentes de trigo, y con esto salvó al pueblo de la hambruna. No es imposible que el relato bíblico de José esté remotamente inspirado en la leyenda de Imhotep. También fue un gran arquitecto (Manetón dice de él que “fue el inventor del arte de edificar con piedra cortada”), y construyó en Sakkara la mastaba de Zoser. Fue la mayor construida hasta entonces y también la primera en la que se utilizó la piedra. Con todo, y a pesar de sus dimensiones y su solidez, ni Zoser ni Imhotep debieron de quedar contentos con el resultado. Por ello, colocaron otra mastaba más pequeña sobre la primera, y luego otra más pequeña todavía sobre la segunda, y así, hasta seis mastabas de tamaño decreciente, formando una pirámide escalonada. La mastaba múltiple de Imhotep es la única de su clase que ha sobrevivido. Posteriormente se pensó que una pirámide tendría un mejor aspecto si sus lados se van acercando al vértice con continuidad, en lugar de hacerlo a saltos. La innovación tuvo lugar hacia el año 2614, durante el reinado de Sneferu, el primer rey de la IV dinastía (durante la cual el Imperio Antiguo llegó a su cenit). Sneferu hizo construir una pirámide escalonada de ocho pisos y después mandó rellenar los escalones dando así una impresión de uniformidad. Después dispuso hacer otra con escalones tan pequeños que esa impresión se tiene incluso sin relleno. Esta pirámide se llama la Pirámide Inclinada, porque en la parte superior se altera la pendiente, haciéndose menor. Después de Sneferu, todas las pirámides, unas ochenta en total, fueron ya verdaderas pirámides. La mayor de todas, la llamada Gran Pirámide, fue edificada por orden del faraón Jufu, sucesor de Sneferu. Según testimonios recogidos por Herodoto, tardó veinte años en ser construida y en ella trabajaron cien mil hombres. También pudo averiguar el nombre de quien la había mandado erigir, pero el nombre de Jufu, al helenizarse, se quedó en Keops, y por esta razón la Gran Pirámide es también conocida como Pirámide de Keops. El poeta griego Antípatro de Sidón la incluyó en su catálogo de las siete maravillas del mundo. Y es la única de las siete que aún podemos contemplar. A Jufu le sucedió su hijo Jafre (Kefrén para los griegos), quien hizo construir otra algo más pequeña, y su hijo Menkure (Micerinos), una tercera, más pequeña todavía. Las tres están en la ciudad de Giza. No lejos de ella está la famosa esfinge, una gigantesca escultura de un león con cabeza humana. También fue construida durante la IV dinastía, y el rostro podría ser una imagen de Jafre.

Hacia el año 2500 muere prematuramente el sucesor de Menkure sin herederos masculinos. Los sacerdotes de Ra, siempre celosos del culto que se rendía en Menfis a Horus y Path, lograron colocar a uno de los suyos en el trono. Así comenzó la V dinastía, que duró hasta el 2430. Durante esta dinastía y la siguiente decae la erección de pirámides. El rey Pepi I, el tercero de la VI, tuvo que mantener a raya a los nómadas del desierto que desde el noroeste amenazaban la conservación de la península del Sinaí, que abastecía a los egipcios de madera y de metales. Pero entre las aventuras militares y la construcción de templos y pirámides, los recursos menguaban y el Imperio Antiguo comienza su declinar. A Pepi I le sucede su hijo Pepi II, que accede al trono en el año 2272, siendo todavía un niño. Si los datos que nos han llegado son ciertos, gobernó durante noventa años, y su reinado habría sido entonces el más largo de la historia. Durante su minoría de edad la nobleza se fue haciendo más y más fuerte, y cuando le llegó la hora de regir personalmente el país, la situación era ya difícilmente reversible. Y lo poco que pudo avanzar en la recuperación del poder real retrocedió a lo largo de sus muchos años de senilidad. A su muerte ningún rey fue capaz de controlar a la levantisca nobleza y la VI dinastía, y con ella el Imperio Antiguo, llega a su fin. Egipto se fragmenta y comienza una Edad Oscura. Manetón enumera cuatro dinastías durante este período, de la VII hasta la X, pero es probable que sus reyes no fueran más que jefes locales con poco poder más allá de su propio territorio.

Imperio Medio

Entre Menfis y la primera catarata está una ciudad cuyos naturales adoraban a Amón, dios de la fertilidad. Ellos la llamaban Nuwe, pero hoy se conoce como Tebas (nada que ver con la Tebas griega), el nombre de uno de sus barrios. Tebas prosperó durante las dinastías V y VI, gracias a las rutas comerciales que se extendían más al sur de la primera catarata, y se salvó de lo peor durante la decadencia del Imperio Antiguo. Hacia el año 2132 llegó al poder un linaje de reyes muy capaces (englobados por Manetón en una XI dinastía) que colocaron bajo su dominio regiones cada vez mayores del Alto Egipto. En el año 2052 el rey Mentuhotep II completó la conquista y así, ciento treinta años después de la desaparición de Pepi II, Egipto estaba regido de nuevo por un único monarca. Con él comienza el Imperio Medio. Ahora Amón, dios de la sede del gobierno, tenía tanta importancia que los sacerdotes de Ra lo reconocieron como una segunda presencia del suyo, y empezaron a hablar del dios Amón-Ra.

Los últimos reyes de la dinastía tuvieron la valiosa colaboración de Amenemhat, un muy hábil primer ministro. Por circunstancias de las que sabemos poco, el ministro subió al trono en 1991 y reinó como Amenemhat I, inaugurando de este modo la XII dinastía. Cambió la capitalidad de Tebas a Lisht, considerablemente más al norte, desde donde podía controlar mejor el Bajo Egipto. Pero Tebas siguió prosperando, y siglos después volvería a ser capital. La XII dinastía fue una la edad de oro del Imperio Medio, así como la IV lo fue del Antiguo. Las pirámides se hicieron más pequeñas y la arquitectura más mesurada, pero la orfebrería fue mucho más elaborada y las miniaturas más detalladas. Por primera vez hay una literatura profana, independiente de la religión y de los mitos. Al propio Amenemhat I se le atribuye una colección de refranes y consejos, dedicados a la juventud en general y a su futuro sucesor en especial. También la ciencia progresó. El más importante documento matemático egipcio, del que se hablará después, es una copia de un original escrito durante la XII dinastía.

Amenemhat I muere en 1971, posiblemente asesinado. Su hijo Senusret I, o Sesostris I según la versión griega, accede al trono. Fue el primer rey que hizo conquistas fuera de Egipto. Las relaciones comerciales con las tierras aguas arriba desde la primera catarata habían sido relativamente buenas, pero con interferencias reiteradas por parte de tribus hostiles. Ya algunos reyes, entre ellos Sneferu y Pepi II, habían enviado expediciones para proteger el comercio. Pero Sesostris I creyó que las cosas serían mucho más fáciles si ponía definitivamente esos territorios bajo un total control egipcio.

De modo que pasó la primera catarata y llegó hasta la segunda, dejando a lo largo del río fuertes militares y enclaves fortificados. La región así dominada es lo que hoy llamamos Nubia, que forma parte del actual Sudán. Con Amenemhat III (quien gobernó entre los años 1842 y 1797), hijo y sucesor de Sesostris I, el poder y la prosperidad de la XII dinastía llegó a la cúspide. La soberanía de Egipto llega, hacia el sur, hasta la tercera catarata, y hacia el este, hasta el interior de Siria. Algunos historiadores sostienen que más o menos en esta época (bajo el reinado de Amenemhat III o el de algunos de sus inmediatos predecesores) vivió el patriarca Abraham. Si Abraham se desplazó libremente a través de Canaán y Egipto, como dice la Biblia, no es aventurado conjeturar que ambas regiones estaban bajo un mismo gobierno.

Con la muerte de Amenemhat III acaba el Imperio Medio y el reino se divide. Manetón habla de las dinastías XIII y XIV que, parece ser, gobernaron simultáneamente, por lo que ninguna pudo haber controlado todo el país. Comenzó una segunda Edad Oscura. Pero, a diferencia de la primera, ahora había un pueblo extranjero dispuesto a aprovecharse de la debilidad de Egipto.

Los hicsos

Hacia el 1720 una turba heterogénea de nómadas descendió sobre Egipto desde el noreste. No formaban una única tribu ni un solo pueblo, pero los egipcios los designaron con el nombre genérico de *hicsos*, palabra que se traduce habitualmente por "reyes pastores" (aunque, según algunos estudios recientes, significa algo así como "gobernantes de las montañas"). Los invasores tenían carros y caballos y los egipcios carecían de ambas cosas. Tampoco tenían un rey lo bastante enérgico como para unificar el país frente al enemigo común ni lo bastante inteligente como para adoptar las armas del adversario. Y así, a menos de ochenta años de la desaparición de Amenemhat III, Egipto sucumbió casi sin luchar. Afortunadamente, los hicsos eran poco numerosos y prefirieron no diseminarse a lo largo del Nilo. Se centraron más en el delta y sus alrededores, y controlaron un imperio que abarcaba el Bajo Egipto y Siria. Dos linajes de reyes hicsos rigieron Egipto, las dinastías XV y XVI según el catálogo de Manetón (quien incluyó en su inventario a los gobernantes extranjeros). De estas dinastías no se sabe casi nada, porque las épocas posteriores procuraron ignorarlas.

Sí hay indicios de que durante este período entraron pacíficamente oleadas de inmigrantes procedentes de Canaán, al sur de Siria. Si esto es así, los reyes hicsos debieron acogerlos como compatriotas (cosa difícil de imaginar bajo una dinastía egipcia) con cuya ayuda podrían contar a la hora de mantener a los nativos bajo control. Tal vez la historia bíblica de José y sus hermanos sea un eco de estos hechos. El faraón de quien se dice que hizo de José su primer ministro, recibió amistosamente a Jacob y asignó a su familia un lugar para vivir era, muy probablemente, un rey hicso. El historiador Josefo, en su búsqueda de la pasada grandeza del pueblo judío, llegó a decir que los hicsos eran los hebreos que conquistaron Egipto. Pero esta afirmación no resiste el menor cotejo con los hechos.

Entretanto en Tebas, demasiado al sur para ser controlada por los hicsos, los sacerdotes de Amón mantenían su poder. Unos setenta y cinco años después de la invasión hicsa, sus gobernantes se hicieron con el título de reyes y se consideraron los reyes legítimos de Egipto. Así se inicia la dinastía XVII, que coexiste con la XVI en el norte. Los tebanos aprendieron a manejar los carros y los caballos, empezaron a luchar contra los hicsos, y a hacer algunos progresos. A Kamosis, el último rey de la XVII dinastía, le faltó poco para ver el triunfo final. A su muerte llega al poder Ahmés I, quien inaugura la XVIII dinastía y completó la conquista. Derrotó al último rey hicso y lo persiguió hasta Palestina. Algunos de los inmigrantes cananeos que habían entrado durante el período de dominación quedaron en Egipto, pero es dudoso que disfrutaran del afecto de los nuevos gobernantes. Más probable es que estos, como medida de seguridad, los despojaran de todo poder. Esto es lo que pudo dar lugar a las posteriores historias israelitas sobre su época de esclavitud en Egipto, bajo el poder de un faraón que ya ni se acordaba de José.

El Imperio Nuevo

Con la victoria de Ahmés I comienza el Imperio Nuevo. Expulsados los invasores, restablece el poder en el norte de Nubia y controla con mano firme a la nobleza. En adelante, el rey ya no será solo garante de la fertilidad, también lo será de las victorias militares, y es entonces cuando se le da el título de "faraón", que significa "la gran casa". Estrictamente hablando, este título no se debe utilizar con los reyes de las dinastías anteriores a la XVIII. Con todo, se emplea, y esto es así por influencia de la Biblia, que fue escrita con posterioridad al Imperio Nuevo, y aplica el título de faraón a los reyes anteriores, incluso a los reyes hicsos.

En el año 1545 llega al poder Amenofis I, hijo y sucesor de Ahmés I. Con él, el poder egipcio llegó más lejos de lo nunca había llegado. Hacia el este consolidó sus posiciones allende el Sinaí, y al oeste penetró en Libia, cuyas tribus nativas saqueaban a veces las tranquilas comunidades agrícolas del Nilo. Tutmosis I, su sucesor, fue todavía más lejos. Hacia el sur llegó hasta la cuarta catarata, y hacia el este, más allá de Siria. Tebas se convirtió en la ciudad más grande y fastuosa del mundo, y desde Tutmosis I en adelante, los faraones la llenaron de templos, obeliscos y estatuas.

Enfrente de Tebas, pero a la otra orilla del río, en la margen occidental, Tutmosis I mandó construir su sepultura. Pero en lugar de edificar una pirámide, hizo excavar la roca y construir complicados laberintos para desorientar a los saqueadores de tumbas. Más de sesenta faraones, después de Tutmosis, fueron enterrados cerca de él y de la misma manera, y así surgió la necrópolis que llamamos el Valle de los Reyes.

A Tutmosis I le sucedió su hijo Tutmosis II, casado con su hermanastra Hatshepsut. Tutmosis II murió en el 1490, y le sucedió Tutmosis III, el hijo que había tenido con una concubina. Como era demasiado joven para gobernar, su madrastra y medio tía reinó en su lugar. Hatshepsut mantuvo la paz, protegió la industria, favoreció el comercio, y también se ocupó de embellecer Tebas con grandes monumentos. Un enorme obelisco construido bajo su mandato está actualmente en el Central Park de Nueva York, y es conocido popularmente como la "Aguja de Cleopatra" (aludiendo a una reina de Egipto 1500 años posterior).

Hatshepsut murió en 1469, y Tutmosis III asumió el poder. Las ciudades de Siria pensaron que se las habían con un hombre débil y se aliaron contra él a fin de sacudirse el señorío egipcio. Pero calcularon mal. Tutmosis III reaccionó a tiempo y penetró en el interior de Siria, derrotando la coalición. En otra campaña llegó hasta el reino de Mitanni, al norte del Éufrates, cuya esfera de influencia competía peligrosamente con la de Egipto. Tutmosis III murió después de treinta y tres años de reinado. Además de un gran militar, también fue un capaz administrador, y algunos historiadores se refieren a él como Tutmosis III el Grande.

Le sucedió su hijo Amenofis II, a éste su hijo Tutmosis IV y a éste su hijo Amenofis III. Los tres supieron salvaguardar la herencia del gran faraón, manteniendo el imperio sin extenderlo y practicando una política de paz. Incluso los dos últimos se casaron con princesas mitannis, a fin de relajar la tensión con los antiguos adversarios. Al morir Amenofis III se edificó en su honor un templo cuya entrada estaba flanqueada por dos colosales estatuas sedentes suyas. Dos figuras de menor tamaño, situadas junto al trono, representan a su esposa y a su madre. Las estatuas, lo único que sobrevive del templo, son famosas porque una de ellas tenía la peculiaridad de emitir un sonido al salir el sol. Estrabón y otros viajeros griegos observaron el fenómeno. Esto dio lugar a una leyenda según la cual el coloso era la imagen del mítico guerrero Memnón, hijo de la Aurora, muerto en un combate contra Aquiles durante la guerra de Troya, y cada mañana saludaba con un grito la aparición de su madre. Pero el prodigio tenía su explicación. Parece ser que a consecuencia de un terremoto habido el año 27 a.C. se agrietó la estatua hasta la cintura, y la dilatación de la piedra con los primeros rayos de sol provocaba el sonido. Muchos y muy ilustres viajeros de la antigüedad viajaron hasta las estatuas para observar el portento, entre ellos emperador Adriano y su esposa Sabina. A principios del siglo III, el emperador Septimio Severo mandó restaurarla y el fenómeno dejó de producirse.

Amenofis III muere en 1370 y le sucede su hijo Amenofis IV. Con tres cuartas partes de estirpe mitanni, simpatizaba con las ideas religiosas de su madre, más simples que el complicado sistema religioso egipcio. Pretendió crear un nuevo culto con el sol como única deidad e incluso cambió su propio nombre por Ajenatón (que significa agradable a Atón, el dios sol). Pero los sacerdotes tebanos hicieron frente a la herejía y arrastraron al pueblo con ellos. Desanimado ante una muy pertinaz resistencia, Ajenatón abandonó la capital con su esposa Nefertiti, su familia y unos pocos conversos, e hizo construir, entre Tebas y Menfis, una nueva capital dedicada a la nueva fe. La llamó Ajetatón (el horizonte de Atón), y la llenó de templos, palacios y residencias para su familia y la nobleza. Pero el fanatismo religioso de Ajenatón le hizo descuidar todo lo que no fuera su monomanía. Desde Siria, cuya frontera este soportaba incursiones de pueblos nómadas, le llegaban apremiantes llamadas de socorro que desoyó. También desde Mitanni, asediada por los hititas, llegaron peticiones de refuerzos que nunca fueron enviados. Todo lo ganado por Tutmosis III y conservado por sus tres inmediatos sucesores se perdió.

A finales del siglo XIX, en donde estuvo ubicada la desaparecida Ajetatón, fueron encontradas unas trescientas tablillas de arcilla con escritura cuneiforme que dan fe de esas inútiles demandas de ayuda. Estas tablillas son una fuente histórica inestimable para conocer la época de Ajetatón, porque los sacerdotes de los viejos cultos hicieron todo lo posible para que no quedara ningún recuerdo de él.

Ajenatón murió en el 1353 dejando seis hijas y ningún hijo, y de su reforma religiosa no quedó nada. Los pocos conversos volvieron a la antigua religión y Ajetatón fue progresivamente abandonada. Incluso Tutanjatón, un yerno de Ajetatón que le sucedió en el trono, cambió su nombre por el de Tutankhamón, para dejar así claro que la vuelta de Amón a su lugar de dios principal tenía el aval del faraón. Tutankhamón fue un rey de escasa relevancia política pero, por dos motivos, es el más conocido de todos los faraones. El primero, porque su tumba nunca fue saqueada, y su descubrimiento, en el año 1922, dio lugar al hallazgo de un tesoro de inapreciable valor arqueológico. El segundo, por la popular leyenda de "la maldición del faraón", según la cual todos las personas relacionadas con la profanación de la tumba habrían de terminar mal. Esta fábula se basó en que Lord Carnarvon, uno de los dos egiptólogos ingleses que dirigía la expedición, murió poco después del descubrimiento por culpa de la picadura de un mosquito complicada con una neumonía. Aunque Howard Carter, el otro egiptólogo, murió pacíficamente bastante después a la edad de sesenta y cinco años, la leyenda siguió viva durante mucho tiempo.

A Tutankhamón le sucedió su visir Ay, que hizo un débil intento de conservar las doctrinas de Ajenatón, y a éste un general llamado Horemheb, que se convirtió en faraón el año 1339. Bajo su gobierno se recuperó en parte el prestigio militar de Egipto y se restauraron definitivamente las viejas creencias. Horemheb no estaba vinculado familiarmente con la casa real, pero se le incluye en la XVIII dinastía (y con él se cierra) porque no originó un linaje propio. La historia de Horemheb y del declive de la XVIII dinastía está narrada en la célebre novela *Sinuhé el egipcio*, del escritor finlandés Mika Waltari.

Horemheb murió el año 1304 y le sucedió Ramsés I, uno de sus generales, con quien se estrena la XIX dinastía. Era ya muy mayor

El famoso busto de la reina Nefertiti (Neues Museum, Berlín).

y tan solo duró un año en el trono. Le relevó su hijo Setis I, que afianzó el poder egipcio en Siria (aunque tuvo que llegar a compromisos con los hititas), venció a los libios y edificó grandes templos en Tebas. Murió en el 1290, y su hijo Ramsés II subió al trono. Era aún muy joven y su reinado duró sesenta y siete años, el más largo de la historia egipcia después del de Pepi II. Ramsés II era un hombre de un egocentrismo enfermizo y llenó Egipto de monumentos en su honor e inscripciones que relataban sus victorias. Tebas alcanzó su mayor esplendor expandiéndose a ambos lados del Nilo, llenándose de tesoros traídos de todas partes del mundo y el perímetro de sus murallas llegó a medir catorce millas. Su fama llegó más lejos que nunca, y Homero habló de ella y de sus maravillas en *La Ilíada*. En el exterior tuvo que enfrentarse con los hititas, pero la guerra terminó en tablas y hubo que firmar la paz sin ningún vencedor claro. Ramsés II es posiblemente el faraón que, según el *Libro del Éxodo*, esclavizó a los israelitas sometiéndolos a duros trabajos. Murió con cerca de noventa años, y le sucedió su décimo tercer hijo Merneptah. Este faraón fue el primero que tuvo que enfrentarse con invasores que entraban por el mar. Saqueadores de origen micénico que previamente habían ocupado Creta llegaron hasta las costas de Libia y, con la ayuda de tribus libias, irrumpieron las fértiles tierras egipcias. Los desconcertados egipcios llamaron "Pueblos del Mar" a estos inesperados invasores, y por culpa de ellos, Egipto atravesó un período de caos. Según la tradición, Merneptah fue el faraón sobre el que se abatieron las famosas plagas por no dejar marchar a los israelitas. Puede ser que la historia de las plagas sea un recuerdo difuso de la catástrofe que supuso para Egipto el saqueo de los Pueblos del Mar. Y también es muy posible que algunos de los esclavos aprovecharan los desórdenes para huir.

Merneptah murió en 1211, y durante veinte años reinaron reyes de escasa importancia. Pero en el año 1192 el gobernador de Tebas, quien aseguraba ser descendiente de Ramsés II, accedió al trono e inauguró la XX dinastía. Logró restablecer el orden y dejar un país en condiciones a su hijo Ramsés III, que comenzó su reinado en el año 1190. Este rey tuvo que enfrentarse nuevamente con los Pueblos del Mar (entre los que estaban los que en la Biblia se llaman filisteos), procedentes esta vez de la costa sur de Asia Menor, que entraron en Egipto desde Siria, como antaño habían hecho los hicsos. Pero Ramsés III no fue cogido por sorpresa, los derrotó completamente, y los filisteos fueron forzados a asentarse en la costa noreste de Egipto, donde vivieron en permanente rivalidad con los israelitas. Pero esta fue la última gran vitoria de Egipto.

Ramsés III murió en el 1158, después de treinta y cinco años de reinado. Durante los ochenta siguientes reinaron ocho reyes, todos ellos llamados Ramsés (desde Ramsés IV hasta Ramsés XI) y todos unos títeres en manos del clero. A la muerte del último, en 1075, el sumo sacerdote de Amón se autoproclamó gobernante de Egipto. Pero no reinó sobre un Egipto unido. En la región del delta surgió un segundo grupo de gobernantes, con capital en Tanis, que son agrupados en la dinastía XXI.

Los libios

Durante esta época, y gracias al empuje de su líder David, los israelitas habían derrotado a los filisteos y sometido a las pequeñas naciones limítrofes. La debilidad de Egipto fue aprovechada para crear un imperio israelita que abarcaba desde la península del Sinaí hasta el curso superior del río Éufrates. Las ciudades costeras fenicias mantuvieron su independencia, pero fueron aliadas del rey David y de su hijo Salomón. Egipto procuró llevarse bien con los israelitas y Psusennes II, el último faraón de la dinastía XXI, cedió una de sus hijas para el harén de Salomón. Otra se casó con el hijo del comandante de las tropas mercenarias, un hombre de origen libio llamado Sheshonk. A la muerte de Psusennes le sucede el propio Sheshonk, con quien comienza la dinastía XXII.

Sheshonk recuperó el control de Tebas, hizo nombrar a su hijo sumo sacerdote de Amón y reunificó el valle del Nilo. Para debilitar el poder israelita apoyó al líder rebelde Jeroboam. Tras el triunfo de la revuelta el imperio de David y Salomón se desintegra definitivamente. La parte septentrional conservó el nombre de Israel y fue gobernada primero por Jeroboam y luego por otros reyes que no descendían de David. Al sur quedó el pequeño reino de Judá, con capital en Jerusalén, donde el linaje de David pervivió durante más de trescientos años. Aprovechando la situación de debilidad, Sheshonk invadió Judá, saqueó el Templo y sometió al país a tributo. Sus sucesores no fueron capaces de mantener la unidad y Tebas volvió a separase en el año 761. La dinastía XXIII está integrada por los nuevos gobernantes de Tebas.

Los nubios

Durante el Imperio Nuevo, Nubia había sido una prolongación hacia el sur de Egipto, y así lo acreditan todos los hallazgos arqueológicos de esa época. Ahora bien, durante el declive de éste, con gobiernos antagonistas en Tebas y en el delta, a los faraones no les quedaban energías para extender su poder mucho más al sur de la primera catarata. Por esta razón los nubios se fueron alejando políticamente de Egipto, aunque culturalmente siguieron siendo egipcios, y establecieron su capital en Napata, muy cerca de la cuarta catarata.

Cuando Sheshonk se hizo con el dominio de Tebas, algunos sacerdotes de Amón se refugiaron en Napata. Bajo la influencia de estos sacerdotes, Nubia fue acercándose al culto a Amón, superando en ortodoxia al propio Egipto. En el año 750, en parte por deseo de expansión, en parte por motivos religiosos, un monarca nubio conquistó Tebas en muy poco tiempo y devolvió el poder a los descendientes de los sacerdotes exiliados. Sus sucesores llegaron hasta el delta, donde encontraron alguna resistencia. La dinastía de estos reyes que les hicieron frente es la dinastía XXIV, y la de los nubios (también llamada dinastía etíope) la XXV.

Entretanto, una nueva potencia emergente amenazaba al Egipto nubio. Los asirios, originarios del alto Tigris, y hasta entonces un pueblo de escasa importancia militar, habían aprendido a fundir el hierro. Y así pudieron crear un ejército bien equipado con máquinas de guerra con el cual invadieron Siria. Los faraones nubios trataron de desactivar el peligro animando a la resistencia a israelitas, judeos y fenicios y fomentando desórdenes más allá de las líneas asirias. Pero cuando el rey asirio Senaquerib puso cerco a Jerusalén, en el año 701, consideraron oportuno combatir. La lucha fue muy dura y las tropas egipcias, comandadas por Taharka, sobrino del faraón, fueron derrotadas. Pero los asirios también quedaron muy debilitados y Senaquerib, requerido por asuntos más apremiantes en otros lugares de su imperio, levantó el asedio.

Senaquerib fue asesinado en el año 681. Su hijo y sucesor Esarhaddón quiso ajustar las cuentas con Egipto y tomó Menfis y el delta, y obligó a Taharka, entonces faraón, a huir hacia el sur. Taharka consiguió rehacerse y lograr una efímera victoria sobre Esarhaddón, quien murió poco después. Pero su hijo Asurbanipal reconquistó Menfis y persiguió a Taharka hasta Tebas, que fue tomada en el año 661. Así acabó la dinastía de los faraones nubios. Siguieron reinando en Nubia, pero su civilización y su poder declinaron para siempre.

El Egipto saítico

Los asirios se conformaron con controlar Egipto a través de virreyes de reconocida hostilidad hacia los nubios. El primero fue Necao, un príncipe del bajo Egipto, que gobernó razonablemente bien y murió luchando al lado de Asurbanipal. Su hijo Psamético, quien le sucedió en el cargo, aguardó pacientemente la ocasión para romper con Asiria. Y así, aprovechando los problemas que asediaban a Asurbanipal en distintos lugares del imperio, la última guarnición asiria fue expulsada de Egipto en el 652, tan solo nueve años después de la conquista de Tebas. Psamético se proclamó faraón, y con él da comienzo la dinastía XXVI. Estableció su capital en Sais, cerca del mar, y por esta razón el Egipto de la época se llama “Egipto saítico”.

Psamético I fue un rey competente, bajo cuyo reinado tuvo lugar un revivir económico y un renacimiento cultural. Se reivindicaron los tiempos de los constructores de pirámides, se recuperaron los clásicos literarios y se repararon los daños que la toma de los asirios había causado a Tebas. Además, Psamético I sabía lo mucho que podrían aprender los egipcios de los griegos (quienes ya habían colonizado parte de la costa Libia y fundado allí la ciudad de Cirene), y los animó a establecerse en Egipto. Así, al sur de Sais surgió la ciudad de Naucratis, centro comercial griego.

Asurbanipal murió en el año 625. Babilonia y sus alrededores estaban habitados por los caldeos, pueblo de origen semítico que había llegado hacia el año 1000. Por entonces la gobernaba Nabopolasar, que lo hacía en calidad de virrey asirio. Pero cuando Asiria se encontró sin un rey enérgico, Nabopolasar (igual que Psamético unos años antes) creyó llegada su oportunidad. Buscó aliados entre las tribus medas, hasta entonces tributarias de los asirios, y en el año 612 la coalición de medos y babilonios tomó Nínive, la capital del imperio. Caldea ocupó el valle del Tigris y el Éufrates, y todo lo que pudo hacia occidente, y Media pobló una franja de territorio al norte y este de Caldea.

Dos años después subió al trono egipcio Necao I. El peligro asirio había desaparecido, pero ahora había otro nuevo, e intentó contener a los caldeos a una prudente distancia de sus fronteras. En su camino derrotó al reino de Judá, pero fue derrotado por Nabucodonosor, hijo del rey caldeo y un gran estratega. Necao tuvo que retirarse, y si Nabucodonosor no lo persiguió fue porque la muerte de Nabopolasar le obligó a regresar a Babilonia para asegurarse la sucesión. Necao murió en el 595, y le sucedió su hijo Psamético II. El peligro caldeo seguía en pie, pero Nabucodonosor estaba demasiado atareado con Judá, que no acababa de someterse. El conflicto acabó con la toma de Jerusalén, la destrucción del templo, el fin de la dinastía de David y el cautiverio de gran parte de la aristocracia, que fue deportada a Babilonia. Pero entonces tuvo que ocuparse de la ciudad fenicia de Tiro, que también se le resistía. Todo esto dejó provisionalmente las manos libres a Psamético II, quien volvió sus ojos hacia Nubia. La dinastía allí reinante había controlado Egipto, y si lo tenía muy presente, la cosa podría repetirse. Para prevenir males mayores, estableció una guarnición permanente muy cerca de la primera catarata, compuesta sobre todo por mercenarios judíos, quienes ante la amenaza caldea habían llegado a Egipto buscando refugio. Eran eficaces combatientes y Psamético los contrató de buen grado. A Psamético II le sucedió su hijo Haibria, bajo cuyo reinado siguieron llegando nuevas oleadas de judíos. Esta población judía sería, durante los seis siglos siguientes, un elemento importantísimo en la vida cultural de Egipto. Haibria fue destronado por Ahmes, un oficial muy popular entre sus soldados, que se puso al frente de una sublevación militar de carácter anti-griego. Ahmes se casó con una hermana del depuesto faraón, de manera que se le considera de la Dinastía XXVI.

Entre tanto, Nabucodonosor había muerto, y le sucedieron unos reyes débiles y pacíficos. Tampoco los medos resultaban vecinos peligrosos. Pero al sur de Media estaba Persia, cuyos habitantes estaban muy cerca lingüística y culturalmente de los medos. En el año 550 un jefe persa llamado Ciro entró en Media y ocupó el trono del Imperio Medo, que en adelante sería conocido como Imperio Persa. Después conquistó Asia Menor y a continuación Babilonia. Murió en el 530, en un intento de extender su imperio hacia Asia Central. Es conocido como Ciro el Grande, no solo por su capacidad militar, sino también porque siempre trató cortésmente a los adversarios vencidos.

Ahmes contemplaba horrorizado el crecimiento de un imperio mucho más poderoso que los conocidos hasta entonces. Pero murió en el 525 y fue su hijo, Psamético III, quien tuvo que hacer frente a la situación. A Ciro le sucedió Cambises, quien se dispuso a invadir Egipto. Los egipcios se aprestaron para la defensa, pero fue inútil. Fueron literalmente arrollados por los persas y Cambises entró victorioso en Menfis.

Los persas

Lo que sabemos del gobierno de Cambises nos ha llegado a través de los datos recogidos por Herodoto un siglo después, quien a su vez se basó en testimonios de un clero egipcio poco simpatizante con los persas. Esto hace que ciertas noticias que tenemos de Cambises como un tirano cruel y malvado sean poco de fiar. Probablemente rigió Egipto con sensatez, como hicieron en general los persas. Además aceptó el vasallaje de Libia y de la ciudad griega de Cirene, y llegó a controlar el norte de Nubia. Cambises tuvo que abandonar Egipto precipitadamente para enfrentarse a un rival que se proclamó rey asegurando ser hijo de Ciro. Pero murió en el camino y, después de unos meses de confusión, fue sucedido por Darío, primo lejano suyo. Darío I fue un gran organizador, y bajo su mandato Egipto prosperó y conservó sus viejas costumbres. Pero los egipcios no estaban contentos. Aprovechando una desafortunada campaña contra Grecia en la que los persas sufrieron la célebre derrota de Maratón, se rebelaron. En esto muere Darío y su hijo Jerjes se encuentra con dos frentes abiertos, el griego y el egipcio. No puede atender a ambos a la vez y considera más urgente el segundo. La sublevación es aplastada y Egipto es sometido de nuevo, pero la guerra dura tres años, y esta demora es muy bien aprovechada por los griegos para rearmarse y mejorar su flota. Cuando Jerjes retoma sus planes de invadir Grecia, los persas son nuevamente derrotados en la legendaria batalla de Salamina. El asesinato de Jerjes, en el año 464, fue la señal para una segunda rebelión, esta vez con ayuda de la flota ateniense. Pero Artajerjes I, sucesor de Jerjes, consiguió sofocarla y las tropas griegas fueron aniquiladas.

A Artajerjes le sucedió Darío II, y a éste Artajerjes II, pero para afianzarse en el trono tuvo que librar una breve guerra civil contra su hermano Ciro el Joven. Esta situación fue aprovechada por Egipto para rebelarse una tercera vez, y ahora sí que logró una precaria emancipación que duró unos sesenta años.

En este período de independencia gobernaron brevemente las dinastías XXVIII, XXIX y XXX (la XXVII es la de los reyes persas). El primer rey de la dinastía XXX fue Nectabeno I, que se preparó para afrontar una invasión persa que parecía inminente. Y cuando la invasión tuvo lugar, Artajerjes II tuvo que retirarse. Nectabeno murió en el año 360, dejando un Egipto próspero e independiente, pero el peligro persa seguía allí. Le sucedió Teos, que se consideró lo bastante fuerte como para tomar la ofensiva. Pero cuando el ejército egipcio entró en Siria saltaron las discordias entre mercenarios de muy distintas procedencias, y la expedición no siguió adelante. Y entretanto un pariente de Teos había reclamado el trono y proclamado rey con el nombre de Nectabeno II. Teos tuvo que huir y refugiarse con los persas.

Artajerjes II muere en el 358 y le sucede su hijo Artajerjes III, quien intenta de nuevo una campaña contra Egipto. Esta vez la invasión tuvo éxito, y Nectabeno II tiene que refugiarse en Nubia. Es el último rey de la lista elaborada por Manetón.

Los griegos

Mientras las ciudades griegas se arruinaban unas a otras en disensiones estériles, sube al trono de Macedonia, al norte de Grecia, el rey Filipo II. Macedonia era de lengua y cultura griega, pero hasta entonces había sido un país de pequeña importancia, y los demás griegos la despreciaban por considerarla bárbara e inculta. Pero Filipo II no era en absoluto una persona vulgar. Supo crear un gran ejército y con él alcanzar el control de toda Grecia. Una Grecia unida liderada por un gran estratega estaba en condiciones de iniciar una ofensiva contra Persia. Pero en el año 336, cuando los primeros barcos cruzaban el mar hacia Asia Menor, Filipo fue asesinado. Le sucedió su hijo Alejandro III, más conocido como Alejandro Magno, que entonces tenía tan solo veinte años. Ante un rey tan joven, parecía que la empresa se iba a quedar en nada. Pero si el padre no era un hombre vulgar, el hijo lo era mucho menos, y las ciudades dominadas que pensaron que había llegado la hora de sacudirse el yugo macedónico pronto quedaron desengañadas. Alejandro sofocó todo intento de rebelión, y en el año 334 retomó el proyecto contra Persia. En el noroeste de Asia Menor se deshizo de las primeras avanzadillas de los persas, y ya en el interior, derrotó al grueso del ejército. Después bajó por la costa de Siria y entró en Egipto, donde fue recibido como un libertador. Alejandro no hizo nada que pudiera molestar la susceptibilidad de los egipcios. Respetó sus costumbres, se adaptó a ellas y ofreció sacrificios a los dioses siguiendo los ritos establecidos. Incluso viajó hasta un lejano templo de Amón donde efectuó todas las ceremonias precisas para ser divinizado como faraón. Después buscó un lugar apropiado donde edificar una ciudad que habría de llamarse Alejandría, en recuerdo de sí mismo. Lo encontró en la desembocadura del brazo más al oeste del Nilo, y dejó la construcción a cargo de un griego de Naucratis llamado Cleomenes, el cual encargó el proyecto al arquitecto Dinócrates de Rodas. Después abandonó Egipto en pos de nuevas conquistas dejando que un grupo de egipcios nativos lo gobernasen en su ausencia.

Alejandro fue ganando una batalla tras otra contra los ejércitos de Darío III, el último rey persa, que acabó asesinado por sus propios hombres. Con él acaba la dinastía iniciada por Ciro el Grande. A los treinta y tres años, de vuelta de la India, muere Alejandro Magno dejando una sucesión incierta. Sus generales empezaron a luchar por el control del imperio, pero uno de ellos, Ptolomeo, se hizo con el gobierno de Egipto y renunció a todo lo demás. Para mejor legitimar su posición, se apoderó del cuerpo de Alejandro y lo mando enterrar en Menfis. Como rey de Egipto fundó una dinastía que duraría tres siglos, más que cualquiera de las treinta dinastías anteriores, hasta que Egipto se convirtió en una provincia romana. La capital fue Alejandría, que se transformó en una ciudad grande, próspera y cosmopolita, habitada por griegos, judíos y egipcios nativos. Pero además, Ptolomeo y sus inmediatos sucesores hicieron de Alejandría el más importante centro del saber de la Antigüedad. Crearon un museo, dotado de una espléndida biblioteca, donde sabios y eruditos podían estudiar e investigar libres de otras preocupaciones. Allí se encontraron los saberes teóricos griegos y los más prácticos de los egipcios, allí escribió Euclides sus *Elementos* y allí midió Eratóstenes la circunferencia de la tierra. También en Alejandría fue traducida la Biblia al griego (la famosa *Biblia de los Setenta*) y Manetón escribió la obra tantas veces citada aquí.

Pero todo esto es ya otra historia.

Ptolomeo I *Sóter* (el *Salvador*) (367 a.C.-283 a.C.).

2 Documentos matemáticos egipcios

Una parte muy limitada de las matemáticas egipcias nos ha llegado a través inscripciones halladas en templos y tumbas. Mucha más información la proporcionan algunos de los papiros que han llegado hasta nosotros. De ellos hablaremos en el presente capítulo.

El papiro es un soporte de escritura fabricado de una planta acuática cuyo nombre científico es *cyperus papyrus* (y que servía de materia prima para muchas otras cosas útiles), pero que vulgarmente también es llamada papiro. Para convertirla en material para escribir se mantenía en remojo el tallo de la planta unos diez días. A continuación se cortaba en tiras muy finas que se prensaban con un rodillo para eliminar parte de la sustancia líquida. Después se colocaban las láminas horizontal y verticalmente, y se prensaba de nuevo, de modo que la savia hiciese de adhesivo. Para terminar, se friccionaba con una concha o una pieza de marfil, quedando ya apto para ser utilizado. Los rollos de papiro tenían una longitud media de cinco metros (el mayor papiro encontrado mide más de

41). Se escribía en la cara del papiro que tenía dispuestas las tiras horizontalmente, y para ello se utilizaba una varilla de bambú cortada transversalmente que, según el ángulo de la escritura, formaba trazos gruesos o finos. La tinta se elaboraba con hollín o carbón vegetal, tratado con una ligera solución de cola. La tinta roja se utilizaba para los títulos y los inicios de capítulo. El lector sujetaba el volumen con su mano derecha, y lo iba desenvolviendo con la izquierda, con la cual enrollaba la parte ya leída. Los papiros podían ser de muy distinta condición. Plinio el viejo llegó a clasificarlos en ocho grupos, según su calidad.

El uso del papiro declinó al mismo tiempo que la vieja cultura egipcia, siendo sustituido paulatinamente por el pergamino, de origen animal. Disminuyó a lo largo del siglo V d.C. y desapareció completamente en el siglo XI.

La cabeza de maza de Nemes

La cabeza de maza de Nemes es la cabeza de una maza de ceremonia de alrededor del año 3000 a.C., que pudo pertenecer a Nemes. Está hecha de piedra caliza, mide 19,8 centímetros de altura y actualmente está en el Ashmolean Museum de Oxford. Fue hallada en Hieracómpolis (nombre griego de Nejen, la antigua capital del Alto Egipto) por los arqueólogos británicos James Edward Quibell y Frederick William Green durante unas excavaciones que tuvieron lugar entre los años 1897 y 1898.

En un bajorrelieve se puede ver a un rey sentado dentro de una capilla, encima de la cual está una diosa en forma de buitre con las alas desplegadas. Debajo hay dos portadores de sombrillas reales. También aparece, y esto es lo que tiene interés para la historia de la matemática, el registro de un botín de guerra estimado en 120.000 cautivos, 400.000 bueyes y 1.422.000 cabras. Las cifras son claramente exageradas, pero demuestra una notable capacidad de contar y manejar grandes números.

EL Papiro Rhind

De todos los documentos que poseemos para llegar a las matemáticas egipcias, el más importante es sin duda el Papiro Rhind, también conocido como Papiro de Ahmes, que de las dos maneras suele ser llamado según se aluda al arqueólogo que lo encontró o al escriba que lo copió. Alexander Henry Rhind, hijo de un banquero acomodado, había nacido en la ciudad de Wick, al norte de Escocia, en el año 1833. Durante su época de estudiante en Edimburgo tuvo ocasión de asistir a una conferencia del historiador Cosmo Innes, y a partir de entonces comenzó a interesarse por la arqueología y a excavar en los túmulos neolíticos del Condado de Caithness. Los resultados de sus investigaciones fueron publicados en el *Archaeological Journal* de la Sociedad de Anticuarios de Escocia.

En 1855 se trasladó a Egipto, y allí estuvo hasta 1857, excavando en la Necrópolis Tebana. Expuso sus descubrimientos en su primer artículo sobre el Antiguo Egipto y donó al museo de Edimburgo los objetos hallados. Entre los años 1858 y 1862 viajó por distintos países dando charlas y conferencias, y en 1863 volvió a Egipto. Recorrió el Nilo desde El Cairo hasta la segunda catarata, realizando un estudio geológico completo, tomando datos en distintos puntos sobre profundidad y sedimentación para averiguar cómo las características físicas del río pudieron influir en las construcciones egipcias de la Antigüedad. Nunca llegó a publicar los resultados, pero se conservan gran parte de sus anotaciones, que nos dan una idea muy clara del ingente trabajo de Rhind durante unos años en los que no eran corrientes este tipo de estudios.

Durante el viaje se deterioró su nunca boyante salud y se retiró a Cadenabbia, un pueblo a orillas del Lago de Como, y allí murió el 3 de julio de 1863, pocos días antes de cumplir treinta años. Cedió su biblioteca a la Sociedad de Anticuarios de Escocia, y dejó legados para becas en la Universidad de Edimburgo, y también para la creación en la localidad de Sibster de una sociedad dedicada a organizar conferencias sobre arqueología, etnología y etnografía.

Con todo, el acontecimiento más importante de su vida para la historia de las matemáticas fue la adquisición del famoso papiro que lleva su nombre. Se lo compró a un anticuario de Luxor, obtenido quizás de alguna excavación ilegal. Es un documento de unos seis metros de longitud por treinta y tres centímetros de ancho de alrededor del 1650 a.C., en el cual un escriba de nombre Ahmes recopiló una colección de 87 problemas matemáticos que recoge saberes de doscientos años antes sobre cuestiones aritméticas, fracciones, cálculo de áreas, volúmenes, progresiones, repartos proporcionales, reglas de tres, ecuaciones lineales y trigonometría elemental, todo ello explicado de un modo muy claro y didáctico. Está depositado en el Museo Británico desde 1863, y es el más antiguo tratado de matemáticas del que se tenga noticias.

Entre otros documentos adquiridos por Rhind había un rollo de cuero en tan mal estado que pasaron muchos años hasta que se pudo desplegar. Al hacerlo, descubrieron que era una colección de 26 sumas escritas bajo la forma de fracciones unitarias. Es útil porque aclara algunos aspectos mecánicos de la matemática egipcia.

El Papiro de Moscú

Después del papiro Rhind, el más importante documento matemático egipcio es el Papiro de Moscú. Su descubridor, Vladímir Semiónovich Golenishchev, nacido en 1856, provenía de una vieja familia noble rusa. Estudió en la universidad de San Petersburgo, y durante toda su vida viajó a Egipto más de sesenta veces, organizando y financiando excavaciones. Recopiló una enorme colección de antigüedades egipcias, entre ellas el Papiro matemático de Moscú, adquirido en 1883. Después de la revolución de 1917 no volvió a Rusia, viviendo desde entonces entre Niza y El Cairo, en cuya universidad ocupó la cátedra de egiptología. Murió en Niza, a los 90 años.

El Papiro de Moscú, así llamado porque está depositado en el Museo de Bellas Artes de Moscú, tiene 5 metros de longitud y 8 centímetros de anchura. Consta de 25 problemas, algunos demasiado deteriorados como para poder ser leídos. Está escrito en hierática (una simplificación de la jeroglífica) y es de alrededor del 1890 a.C., de cuando la XII dinastía. El escriba, de quien no sabemos ni el nombre, no era tan bueno en su oficio como Ahmes, cuya escritura y manera de explicar las cosas es mucho más clara.

El Papiro de Berlín

El Papiro de Berlín, así llamado por estar depositado en el museo egipcio de esta ciudad, se puede datar entre los años 2160 y 1700 a.C. De autor desconocido, en él se encuentran problemas

El Papiro de Moscú.

relacionados con las fracciones unitarias, ecuaciones lineales y sistemas de ecuaciones con dos incógnitas (uno de ellos de segundo grado).

El papiro de Kahun

Los papiros de Kahun o Lahun, del año 1800 a.C. aproximadamente, son una colección de papiros que reproducen textos más antiguos de muy diversos temas, obstetricia entre ellos, y que contiene algunos fragmentos matemáticos, algunos de los cuales no han podido ser descifrados todavía. Fueron descubiertos en el año 1889 en el poblado de Lahun por Flinders Petrie. William Matthew Flinders Petrie (nieto del capitán Matthew Flinders, explorador de las costas de Australia), nacido en Charlton en 1853, fue un reputado egiptólogo británico que realizó excavaciones en los yacimientos arqueológicos más importantes de Egipto. Ejerció la primera cátedra de egiptología del Reino Unido y murió en Jerusalén en el año 1942. Es autor de más de mil publicaciones, entre libros y artículos, y la colección de antigüedades egipcias que reunió a lo largo de su vida se encuentra en el Museo Petrie del University College de Londres.

3 Astronomía y calendario

La astronomía egipcia es en parte deudora de la babilónica. Los babilonios medían el tiempo según el mes lunar, con ciertos añadidos cuando convenía ajustar el calendario a las tareas agrícolas. Hacia el año 2000 a.C. crearon el año solar, de 360 días con 12 meses de 30. Fuero ellos quienes primero dividieron las estrellas del cinturón ecuatorial (donde se corta el plano del ecuador de la tierra con la esfera de las estrellas fijas) en doce grupos o constelaciones correspondientes a los meses. Realizaron observaciones bastante precisas sobre el movimiento de los planetas, y crearon la semana como unidad de tiempo, con siete días por los siete cuerpos celestes cuya posición varía en relación con las estrellas fijas: el sol, la luna y los cinco planetas al alcance de la vista.

Cosmología egipcia

Para los egipcios el mundo era una caja rectangular, y el cielo se sostenía sobre cuatro altas montañas situadas en las esquinas de la tierra. El Nilo procedía de un río universal que fluía en torno de la tierra, sobre el cual navegaba la barca del dios Sol en su viaje diario a través del cielo. Durante la inundación, la barca podía aproximarse más a la tierra, explicando así los cambios de las estaciones en relación a la posición del sol. El mundo procedía de un caos primigenio, y los dioses macho y hembra del caos habían engendrado a los dioses de las fuerzas naturales, a quienes les correspondió la tarea de ordenar el cosmos. Hasta aquí hay cierta semejanza con la cosmología mesopotámica, pero en ésta los dioses jóvenes emplean su fuerza física para luchar contra los dioses del caos y someter la naturaleza. En cambio, los dioses de los egipcios son poderosos sin ser violentos, quizá porque la naturaleza era

más controlable en Egipto que en Mesopotamia: las inundaciones del Nilo se producen con regularidad matemática, mientras que las del Tigris y el Éufrates son impredecibles.

La orientación de algunas pirámides hace pensar que los egipcios sabían localizar el norte. El método por el cual lo hacían no se conoce, pero sí sabemos que utilizaban la longitud de las sombras para determinar la hora. Es muy posible que se dieran cuenta de que la sombra más corta es la orientada hacia el norte, y que luego se fijaran en alguna estrella fija que señalara en la misma dirección.

Calendario

Los astrónomos egipcios dividían las estrellas del ecuador celeste en treinta y seis grupos. Cada uno de ellos, cuando aparecía sobre el horizonte antes de amanecer, indicaba el comienzo de un período de diez días. A partir del año 2000 a.C. regularon su calendario por el orto de la estrella Sirio, que salía justo antes del alba durante la época de la inundación del Nilo. El año se dividía en doce meses de treinta días, más cinco días que los griegos llamaron *epagómenos*, en total 365 días, como el nuestro. Es el calendario más exacto de cuantos fueron utilizados en la antigüedad, pero los egipcios nunca llegaron a intercalar un día suplementario cada cierto número de años para hacer coincidir el año civil con el astronómico.

La corrección necesaria para arreglar el desajuste fue hecha también en Egipto, pero ya bajo la dominación de la dinastía griega de los Ptolomeos. Eratóstenes de Cirene, bibliotecario en el museo de Alejandría, propuso que uno de cada cuatro años (los llamados años *bisiestos*) duraría un día más, para así compensar el error que se produce al dar por buena la duración del año en 365 días (en realidad dura casi un cuarto de día más). En el año 45 a.C. fue adoptado por Julio César para todo el Imperio Romano, y por eso es llamado calendario *juliano*. Ahora bien, como la fracción de día no es exactamente un cuarto, este calendario lleva a un error de tres días cada 400 años. En 1582 el papa Gregorio XIII dispuso que los años múltiplos de cuatro que fueran múltiplo de 100 pero no de 400, no serían bisiestos. Este calendario, conocido como *gregoriano*, produce un error de un día cada 4000 años. Fue aceptado en toda Europa salvo en Inglaterra, que no lo adoptó hasta muy entrado el siglo XVIII.

Así, con todas las correcciones y reajustes que ha tenido, nuestro actual calendario tiene su origen en Egipto.

4 Los sistemas de numeración egipcios

Nuestro sistema de numeración es posicional y de base diez. Lo primero quiere decir que una misma cifra representa distintas cosas según el lugar donde vaya colocada. Por ejemplo, en los tres números 427, 571 y 798 aparece la cifra siete, pero en cada uno de ellos significa algo diferente: en el primero el número siete, en el segundo el setenta y en el tercero el setecientos. Lo segundo, que para escribir un número lo descomponemos en suma de potencias de diez. Así, cuando escribimos 5683, estamos representando muy abreviadamente la suma siguiente:

$$5000 + 600 + 80 + 3 = 5 \times 10^3 + 6 \times 10^2 + 8 \times 10 + 3$$

Los sistemas de numeración egipcios (veremos que hay varios) no son posicionales pero sí de base diez. La base diez es la más corriente en las distintas culturas, por la simple razón de que tenemos diez dedos, pero no es la única posible. Los civilización sumeria, no lejos geográficamente de la egipcia y contemporánea con ella, calculaban con un sistema de base sesenta. Reminiscencia del viejo sistema sumerio es nuestra división sexagesimal de las horas y los ángulos.

Sistema de numeración jeroglífico

El sistema jeroglífico adjudicaba un signo a cada potencia de diez (como se puede ver en la siguiente tabla) y cualquier otro número se representaba por repetición de estos signos.

1	10	100	1000	10000	100000	1000000

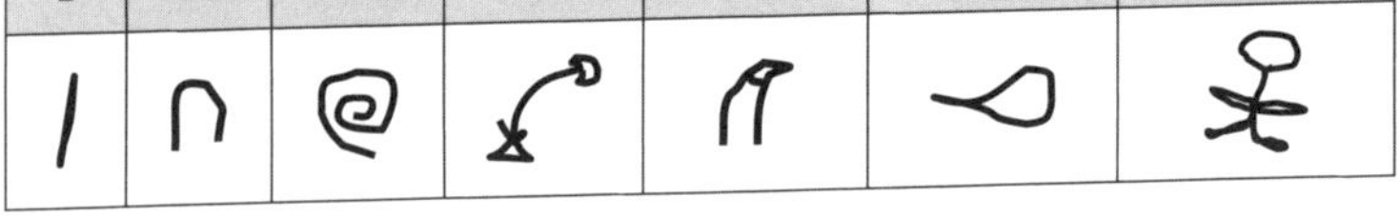

Así, esta sería la representación del número 2324127 en escritura jeroglífica:

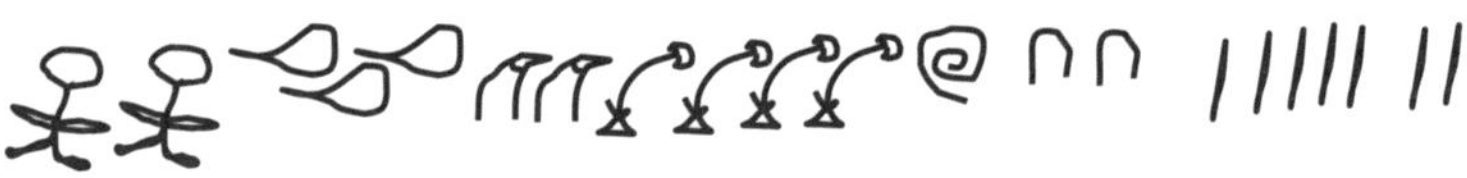

Como cada signo vale con independencia del lugar que ocupa, el número podía ser escrito tanto de izquierda a derecha como al revés (aunque más habitual era lo primero), e incluso de arriba abajo.

Las fracciones unitarias (de numerador uno) se representaban colocando el número debajo de un óvalo:

$\frac{1}{7}$ =  $\frac{1}{100}$ =  $\frac{1}{1214}$ = 

Para la fracción $\frac{2}{3}$ tenían una representación especial: 

Sistema de numeración hierático

A mediados del tercer milenio a. de C. se empezó a utilizar en los papiros la escritura *hierática*, más simple que la jeroglífica (una simplificación más radical dio lugar a la *demótica*). En el sistema de numeración hierática hay un signo para cada múltiplo de diez, otro para cada múltiplo de cien y otro para cada múltiplo de mil. Esto se puede ver en la tabla que viene a continuación.

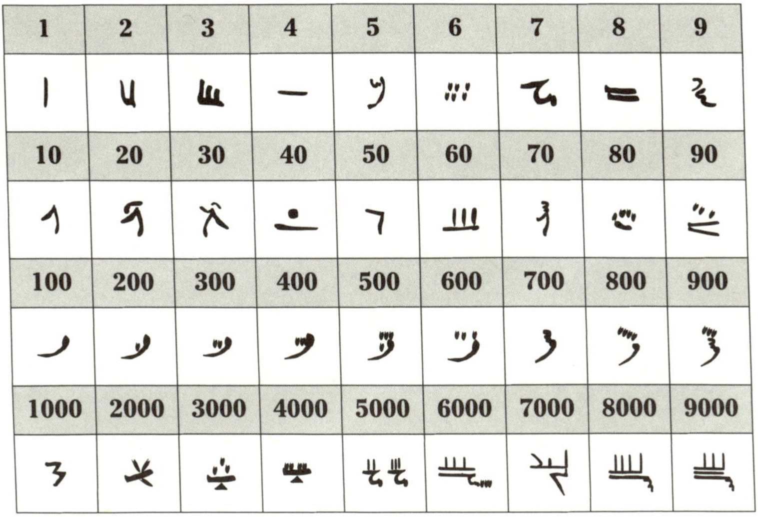

Entonces el número 9658 se escribiría así:

En las fracciones unitarias, el óvalo es sustituido por un punto:

$\frac{1}{8} =$  $\frac{1}{43} =$ 

Y ésta es la manera de que tenían en el antiguo Egipto de escribir los números. Pero en todo lo que sigue, para una mayor claridad, y aun hablando de matemáticas egipcias, se utilizará la notación actual, y no la que se acaba de explicar.

5 Las fracciones del dos

Se verá más adelante cómo parte de la aritmética egipcia descansa en la posibilidad de expresar cualquier fracción en suma de fracciones unitarias distintas, esto es, de numerador uno (salvo 2/3, a la que sí se da existencia autónoma por derecho propio). Para facilitar los cálculos, elaboraron algunas tablas en las que las fracciones de aparición más frecuente estaban desglosadas en suma de fracciones unitarias. El papiro Ahmes comienza con una tabla de descomposiciones de todas las fracciones irreducibles de numerador 2 y denominador comprendido entre 5 y 101. Es la que está en la página siguiente.

Ahora bien, una fracción se puede expresar como suma de fracciones unitarias de muchas maneras diferentes. ¿Por qué escogieron unas en lugar de otras? ¿Qué criterios siguieron al elaborar la tabla?

La hipótesis de Gillings

El historiador Richard J. Gillings, en su ya clásico libro *Mathematics in the time of the pharaohs*, propuso unos criterios que explica-

$\frac{2}{5}$	$\frac{1}{3}+\frac{1}{15}$	$\frac{2}{37}$	$\frac{1}{24}+\frac{1}{111}+\frac{1}{296}$	$\frac{2}{69}$	$\frac{1}{46}+\frac{1}{138}$
$\frac{2}{7}$	$\frac{1}{4}+\frac{1}{28}$	$\frac{2}{39}$	$\frac{1}{26}+\frac{1}{78}$	$\frac{2}{71}$	$\frac{1}{40}+\frac{1}{568}+\frac{1}{710}$
$\frac{2}{9}$	$\frac{1}{6}+\frac{1}{18}$	$\frac{2}{41}$	$\frac{1}{24}+\frac{1}{246}+\frac{1}{328}$	$\frac{2}{73}$	$\frac{1}{60}+\frac{1}{219}+\frac{1}{292}+\frac{1}{365}$
$\frac{2}{11}$	$\frac{1}{6}+\frac{1}{66}$	$\frac{2}{43}$	$\frac{1}{42}+\frac{1}{86}+\frac{1}{129}+\frac{1}{301}$	$\frac{2}{75}$	$\frac{1}{50}+\frac{1}{150}$
$\frac{2}{13}$	$\frac{1}{8}+\frac{1}{52}+\frac{1}{104}$	$\frac{2}{45}$	$\frac{1}{30}+\frac{1}{90}$	$\frac{2}{77}$	$\frac{1}{44}+\frac{1}{308}$
$\frac{2}{15}$	$\frac{1}{10}+\frac{1}{30}$	$\frac{2}{47}$	$\frac{1}{30}+\frac{1}{141}+\frac{1}{470}$	$\frac{2}{79}$	$\frac{1}{60}+\frac{1}{237}+\frac{1}{316}+\frac{1}{790}$
$\frac{2}{17}$	$\frac{1}{12}+\frac{1}{51}+\frac{1}{68}$	$\frac{2}{49}$	$\frac{1}{28}+\frac{1}{196}$	$\frac{2}{81}$	$\frac{1}{54}+\frac{1}{162}$
$\frac{2}{19}$	$\frac{1}{12}+\frac{1}{76}+\frac{1}{114}$	$\frac{2}{51}$	$\frac{1}{34}+\frac{1}{102}$	$\frac{2}{83}$	$\frac{1}{60}+\frac{1}{332}+\frac{1}{415}+\frac{1}{498}$
$\frac{2}{21}$	$\frac{1}{14}+\frac{1}{42}$	$\frac{2}{53}$	$\frac{1}{30}+\frac{1}{318}+\frac{1}{795}$	$\frac{2}{85}$	$\frac{1}{51}+\frac{1}{255}$
$\frac{2}{23}$	$\frac{1}{12}+\frac{1}{276}$	$\frac{2}{55}$	$\frac{1}{30}+\frac{1}{330}$	$\frac{2}{87}$	$\frac{1}{58}+\frac{1}{174}$
$\frac{2}{25}$	$\frac{1}{15}+\frac{1}{75}$	$\frac{2}{57}$	$\frac{1}{38}+\frac{1}{114}$	$\frac{2}{89}$	$\frac{1}{60}+\frac{1}{356}+\frac{1}{534}+\frac{1}{890}$
$\frac{2}{27}$	$\frac{1}{18}+\frac{1}{54}$	$\frac{2}{59}$	$\frac{1}{36}+\frac{1}{236}+\frac{1}{531}$	$\frac{2}{91}$	$\frac{1}{70}+\frac{1}{130}$
$\frac{2}{29}$	$\frac{1}{24}+\frac{1}{58}+\frac{1}{174}+\frac{1}{232}$	$\frac{2}{61}$	$\frac{1}{40}+\frac{1}{244}+\frac{1}{488}+\frac{1}{610}$	$\frac{2}{93}$	$\frac{1}{62}+\frac{1}{186}$
$\frac{2}{31}$	$\frac{1}{20}+\frac{1}{124}+\frac{1}{155}$	$\frac{2}{63}$	$\frac{1}{42}+\frac{1}{126}$	$\frac{2}{95}$	$\frac{1}{60}+\frac{1}{380}+\frac{1}{570}$
$\frac{2}{33}$	$\frac{1}{22}+\frac{1}{66}$	$\frac{2}{65}$	$\frac{1}{39}+\frac{1}{195}$	$\frac{2}{97}$	$\frac{1}{56}+\frac{1}{679}+\frac{1}{776}$
$\frac{2}{35}$	$\frac{1}{30}+\frac{1}{42}$	$\frac{2}{67}$	$\frac{1}{40}+\frac{1}{335}+\frac{1}{536}$	$\frac{2}{99}$	$\frac{1}{66}+\frac{1}{198}$
				$\frac{2}{101}$	$\frac{1}{101}+\frac{1}{202}+\frac{1}{303}+\frac{1}{606}$

rían con cierta verosimilitud la elección de cada descomposición entre las distintas opciones. Son los que vienen a continuación:

1. De todas las descomposiciones posibles se escoge aquella de denominadores más pequeños, que nunca pueden exceder de mil.

2. Una descomposición en dos sumandos es preferible a una de tres, y una de tres es preferible a una de cuatro. El número de sumandos no puede exceder de cuatro.
3. Las fracciones aparecen colocadas en orden decreciente sin repetirse ninguna.
4. El denominador de la primera fracción es lo más pequeño posible, pero se puede admitir uno ligeramente mayor si eso permite reducir el de la última.
5. Los números pares son preferibles a los impares, aun a costa de aumentar el primer denominador o el número de sumandos.

En los parágrafos que siguen reflexionaremos sobre estos preceptos propuestos por Gillings.

Fracciones que se expresan como suma de dos fracciones unitarias

Todas las fracciones (salvos dos) que en el papiro Ahmes se desglosan en suma de dos fracciones unitarias lo hacen según el siguiente esquema:

$$\frac{2}{n} = \frac{1}{xy} + \frac{1}{ny}$$

Esto, a veces, se puede hacer de varias maneras. Cuando es así (salvo en un caso que ya veremos) se escoge aquella en que la diferencia entre los denominadores lo más pequeña posible. Eliminando la expresión anterior da lugar a esta otra:

$$x(2y - 1) = n$$

Cada descomposición de n en dos factores proporciona una expresión de $2/n$ como suma de dos fracciones unitarias distintas (salvo la posibilidad $x = n$ y $2y - 1 = 1$, que da lugar a dos fracciones iguales). A continuación se harán los cálculos para cada una de las fracciones y se darán todas las posibilidades que se desprenden de la fórmula anterior, y se verá cómo, de todas ellas, la que aparece en el inventario de las fracciones de dos (y que en la tabla aparecerá en negrilla) es la que corresponde a la x mayor y a la y menor. Claro que para llegar a este resultado no hace elaborar las tablas que aquí aparecen, basta con tomar como x al mayor divisor propio de n.

1. Fracción 2/5:

x	$2y - 1$	y	xy	$5y$
1	**5**	**3**	**3**	**15**

2. Fracción 2/7:

x	$2y - 1$	y	xy	$7y$
1	**7**	**4**	**4**	**28**

3. Fracción 2/9:

x	$2y - 1$	y	xy	$9y$
1	9	5	5	45
3	**3**	**2**	**6**	**18**

4. Fracción 2/11:

x	$2y - 1$	y	xy	$11y$
1	**11**	**6**	**6**	**66**

5. Fracción 2/15:

x	$2y - 1$	y	xy	$15y$
1	15	8	8	120
3	5	3	9	45
5	**3**	**2**	**10**	**30**

6. Fracción 2/21:

x	$2y - 1$	y	xy	$21y$
1	21	11	11	231
3	7	4	12	84
7	**3**	**2**	**14**	**42**

7. Fracción 2/23:

x	$2y - 1$	y	xy	$23y$
1	**23**	**12**	**12**	**276**

8. Fracción 2/25:

x	$2y - 1$	y	xy	$25y$
1	25	13	13	325
5	**5**	**3**	**15**	**75**

9. Fracción 2/27:

x	$2y - 1$	y	xy	$27y$
1	27	14	14	378
3	9	5	15	135
9	**3**	**2**	**18**	**54**

10. Fracción 2/33:

x	$2y - 1$	y	xy	$33y$
1	33	17	17	561
3	11	6	18	198
11	**3**	**2**	**22**	**66**

11. Fracción 2/35:

x	$2y - 1$	y	xy	$35y$
1	35	18	18	630
5	7	4	20	140
7	5	3	21	105

Para esta fracción no se sigue la regla general. ¿Será porque el último valor de x no da números pares? Cualquiera que sea la razón, el desglose de la fracción 2/35 se aparta de la norma y se hace según la fórmula:

$$\frac{2}{xy} = \frac{1}{x(x+y)/2} + \frac{1}{y(x+y)/2}$$

12. Fracción 2/39:

x	$2y - 1$	y	xy	$39y$
1	39	20	20	780
3	13	7	21	273
13	**3**	**2**	**26**	**78**

13. Fracción 2/45:

x	$2y - 1$	y	xy	$45y$
1	45	23	23	1035
3	15	8	24	360
5	9	5	25	225
9	5	3	27	135
15	**3**	**2**	**30**	**90**

14. Fracción 2/49:

x	$2y - 1$	y	xy	$49y$
1	49	25	25	1225
7	**7**	**4**	**28**	**196**

15. Fracción 2/51:

x	$2y - 1$	y	xy	$51y$
1	51	26	26	1326
3	17	9	27	459
17	**3**	**2**	**34**	**102**

16. Fracción 2/55:

x	$2y - 1$	y	xy	$55y$
1	55	28	28	1540
5	**11**	**6**	**30**	**330**
11	5	3	33	165

La descomposición que aparece en el papiro no es la de la última fila (que no da denominadores pares), sino de la de la segunda.

17. Fracción 2/57:

x	$2y - 1$	y	xy	$57y$
1	57	29	29	1653
3	19	10	30	570
19	**3**	**2**	**38**	**114**

18. Fracción 2/63:

x	$2y - 1$	y	xy	$63y$
1	63	32	32	2016
3	21	11	33	693
7	9	5	35	315
9	7	4	36	252
21	**3**	**2**	**42**	**126**

19. Fracción 2/65:

x	$2y - 1$	y	xy	$65y$
1	65	33	33	2145
5	13	7	35	455
13	**5**	**3**	**39**	**195**

20. Fracción 2/69:

x	$2y - 1$	y	xy	$69y$
1	69	35	35	2415
3	23	12	36	828
23	**3**	**2**	**46**	**138**

21. Fracción 2/75:

x	$2y - 1$	y	xy	$75y$
1	75	38	38	2850
3	25	13	39	975
5	15	8	40	600
15	5	3	45	225
25	**3**	**2**	**50**	**150**

22. Fracción 2/77:

x	$2y - 1$	y	xy	$77y$
1	77	39	39	3003
7	11	6	42	462
11	**7**	**4**	**44**	**308**

23. Fracción 2/81:

x	$2y - 1$	y	xy	$81y$
1	81	41	41	3321
3	27	14	42	1134
9	9	5	45	405
27	**3**	**2**	**54**	**162**

24. Fracción 2/85:

x	$2y - 1$	y	xy	$85y$
1	85	43	43	3655
5	17	9	45	765
17	**5**	**3**	**51**	**255**

Aquí la última fila no da denominadores pares, pero aplicar la fórmula que se usó para 2/35 no resolvería el problema.

25. Fracción 2/87:

x	$2y - 1$	y	xy	$87y$
1	87	44	44	3828
3	29	15	45	1305
29	**3**	**2**	**58**	**174**

26. Fracción 2/91:

x	$2y-1$	y	xy	$91y$
1	91	46	46	4186
7	13	7	49	637
13	7	4	52	364

En esta fracción se prescinde de la regla (aunque da denominadores pares) y se hace lo mismo que con 2/35. Quizá porque el segundo denominador pareció excesivo.

27. Fracción 2/93:

x	$2y-1$	y	xy	$93y$
1	93	47	47	4371
3	31	16	48	1488
31	**3**	**2**	**62**	**186**

28. Fracción 2/99:

x	$2y-1$	y	xy	$99y$
1	99	50	50	4950
3	33	17	51	1683
9	11	6	54	594
11	9	5	55	495
33	**3**	**2**	**66**	**198**

Ninguna de las fracciones cuyo denominador es primo (a partir de 2/23) aparece descompuesta en dos sumandos. Esto es así porque el segundo denominador sería muy grande. Por ejemplo, si aplicamos el procedimiento utilizado hasta ahora para la fracción 2/31 llegaríamos a lo siguiente:

$$\frac{2}{31} = \frac{1}{16} + \frac{1}{496}$$

Fracciones que se expresan como suma de tres fracciones unitarias

Todas las fracciones que en la tabla se desglosan en tres sumandos (salvo 2/95, por razones que ya veremos) lo hacen según el modelo siguiente:

$$\frac{2}{n} = \frac{1}{m.c.m.\,(x,y)} + \frac{1}{xn} + \frac{1}{yn}$$

Como el producto de dos números es múltiplo de su mínimo común múltiplo, existe un entero t tal que $m.c.m.\,(x,y) = (xy)/t$, y podemos rescribir así la última igualdad:

$$\frac{2}{n} = \frac{t}{xy} + \frac{1}{xn} + \frac{1}{yn}$$

Sumamos las cuatro últimas fracciones y eliminamos denominadores:

$$2xy - x - y = nt$$

Multiplicamos todo por 2 y a continuación sumamos la unidad:

$$4xy - 2x - 2y + 1 = 2nt + 1$$

El polinomio del primer miembro se puede poner como producto de otros dos:

$$(2x - 1)(2y - 1) = 2nt + 1$$

Para cada t que haga de $2nt + 1$ un número compuesto, y cada descomposición de éste para la cual t sea divisor común de x e y, habrá una expresión de $2/n$ como suma de tres fracciones unitarias. Se estudiarán todos los casos pero, a diferencia de lo que se hizo en el apartado anterior, cada tabla acaba en cuanto se llega a la expresión que aparece en el papiro (aunque se pueden ampliar, buscando otras alternativas). De todas las opciones, siempre se excluyen las que tengan algún denominador superior a mil. De las restantes, se escoge la que tenga más denominadores pares, y en igualdad de condiciones, aquella en la que el primer denominador sea más pequeño.

1. Fracción 2/13:

t	$26t + 1$	$2x - 1$	$2y - 1$	x	y	$(xy)/t$	$13x$	$13y$
1	27	3	9	2	5	10	26	65
2	53							
3	79							
4	**105**	**7**	**15**	**4**	**8**	**8**	**52**	**104**

2. Fracción 2/17:

t	$34t + 1$	$2x - 1$	$2y - 1$	x	y	$(xy)/t$	$17x$	$17y$
1	**35**	**5**	**7**	**3**	**4**	**12**	**51**	**68**

3. Fracción 2/19:

t	$38t + 1$	$2x - 1$	$2y - 1$	x	y	$(xy)/t$	$19x$	$19y$
1	39	3	13	2	7	14	38	133
2	**77**	**7**	**11**	**4**	**6**	**12**	**76**	**114**

4. Fracción 2/31:

t	$62t + 1$	$2x - 1$	$2y - 1$	x	y	$(xy)/t$	$31x$	$31y$
1	63	3	21	2	11	22	62	341
1	**63**	**7**	**9**	**4**	**5**	**20**	**124**	**155**

5. Fracción 2/37:

t	$74t + 1$	$2x - 1$	$2y - 1$	x	y	$(xy)/t$	$37x$	$37y$
1	75	3	25	2	13	26	74	481
1	**75**	**5**	**15**	**3**	**8**	**24**	**111**	**296**

6. Fracción 2/41:

t	$82t + 1$	$2x - 1$	$2y - 1$	x	y	$(xy)/t$	$41x$	$41y$
1	83							
2	165	3	55	2	28	28	82	1148
2	165	5	33	3	17			
2	**165**	**11**	**15**	**6**	**8**	**24**	**246**	**328**

7. Fracción 2/47:

t	$94t + 1$	$2x - 1$	$2y - 1$	x	y	$(xy)/t$	$47x$	$47y$
1	**95**	**5**	**19**	**3**	**10**	**30**	**141**	**470**

8. Fracción 2/53:

t	$106t + 1$	$2x - 1$	$2y - 1$	x	y	$(xy)/t$	$53x$	$53y$
1	107							
2	213	3	71	2	36	36	106	1908
3	**319**	**11**	**29**	**6**	**15**	**30**	**318**	**795**

9. Fracción 2/59:

t	$118t + 1$	$2x - 1$	$2y - 1$	x	y	$(xy)/t$	$59x$	$59y$
1	**119**	**7**	**17**	**4**	**9**	**36**	**236**	**531**

10. Fracción 2/67:

t	$134t + 1$	$2x - 1$	$2y - 1$	x	y	$(xy)/t$	$67x$	$67y$
1	135	3	45	2	23	46	134	1541
1	135	5	27	3	14	48	201	938
1	**135**	**9**	**15**	**5**	**8**	**40**	**335**	**536**

10. Fracción 2/71:

t	$142t + 1$	$2x - 1$	$2y - 1$	x	y	$(xy)/t$	$71x$	$71y$
1	143	11	13	6	7	42	426	497
2	285	3	95	2	48	48	142	3408
2	**285**	**15**	**19**	**8**	**10**	**40**	**568**	**710**

11. Fracción 2/95:

t	$190t + 1$	$2x - 1$	$2y - 1$	x	y	$(xy)/t$	$95x$	$95y$
1	191							
2	381	3	127	2	64	64	190	6080
3	571							
4	761							
5	951	3	317	2	159			
6	1141	7	163	4	82			
7	1331	11	121	6	61			
8	1521	3	507	2	254			
8	1521	9	169	5	85			
8	1521	13	117	7	59			

Ante la imposibilidad de aplicar el procedimiento (la tabla se alarga interminablemente), se opta por partir de la descomposición de 2/19 y multiplicar todos los denominadores por cinco.

12. Fracción 2/97:

t	$194t + 1$	$2x - 1$	$2y - 1$	x	y	$(xy)/t$	$97x$	$97y$
1	195	3	65	2	33	66	194	3201
1	195	5	39	3	20	60	291	1940
1	**195**	**13**	**15**	**7**	**8**	**56**	**679**	**776**

Fracciones que se expresan como suma de cuatro fracciones unitarias

Todas las fracciones que en la tabla se escriben como suma de cuatro fracciones unitarias lo hacen (salvo la última) según un esquema idéntico al que siguen las que se escriben como suma de tres:

$$\frac{2}{n} = \frac{1}{m.c.m.\,(x,y,z)} + \frac{1}{xn} + \frac{1}{yn} + \frac{1}{zn}$$

Igual que antes, ponemos $m.c.m.\,(x,y,z) = (xyz)/t$ (con t un número entero) y rescribimos la última igualdad:

$$\frac{2}{n} = \frac{t}{xyz} + \frac{1}{xn} + \frac{1}{yn} + \frac{1}{zn}$$

Sumamos las cuatro últimas fracciones y eliminamos denominadores:

$$2xyz - yz - xz - xy = nt$$

Esta ecuación se puede abordar dando valores a una de las incógnitas y encontrando todos los posibles valores para las otras dos. Vamos a ver los tres casos que se van a necesitar. Si $x = 2$, la ecuación resulta ser:

$$3yz - 2z - 2y = nt$$

Multiplicamos todo por 3 y a continuación sumamos 4, y resulta:

$$9yz - 6x - 6y + 4 = 3nt + 4$$

El polinomio del primer miembro es reducible:

$$(3y - 2)(3z - 2) = 3nt + 4$$

Si $x = 3$, entonces:

$$5yz - 3z - 3y = nt$$

Multiplicamos todo por 5 y a continuación sumamos 9, y resulta:

$$25yz - 15z - 15y + 9 = 5nt + 9$$

El polinomio del primer miembro se puede poner como producto de otros dos:

$$(5y - 3)(5z - 3) = 5nt + 9$$

Si $x = 4$, entonces:

$$7yz - 4z - 4y = nt$$

Ahora multiplicamos todo por 7 y a continuación sumamos 16:

$$49yz - 28z - 28y + 16 = 7nt + 16$$

El polinomio del primer miembro se descompone de este modo:

$$(7y - 4)(7z - 4) = 7nt + 16$$

En cualquiera de los tres casos, para cada t que convierta al segundo miembro en un número compuesto, y cada descomposición de éste para la cual t sea divisor común de x, y y z, habrá una expresión de $2/n$ como suma de cuatro fracciones unitarias. Ante varias alternativas, los criterios de selección son los mismos que en el caso de tres sumandos (aunque en un caso se admite un denominador impar para hacer el último denominador más pequeño).

1. Fracción 2/29:

Suponemos en principio $x = 2$, y fabricamos la correspondiente tabla:

t	$87t + 4$	$3y - 2$	$3z - 2$	y	z	$(xyz)/t$	$29x$	$29y$	$29z$
1	91	7	13	3	5	30	58	87	145
2	178	2	89						
3	265	5	53						
4	352	2	176						
4	352	4	88	2	30	30	58	58	870
4	352	11	32						
4	**352**	**16**	**22**	**6**	**8**	**24**	**58**	**174**	**232**

La descomposición procedente de la quinta fila no es válida, por dar dos sumandos iguales. De las otras dos, se escoge la última, por las razones ya indicadas.

2. Fracción 2/43:

Suponemos de nuevo que $x = 2$:

t	$129t + 4$	$3y - 2$	$3z - 2$	y	z	$(xyz)/t$	$43x$	$43y$	$43z$
1	**133**	**7**	**19**	**3**	**7**	**42**	**86**	**129**	**301**

En este caso, el primer intento da con la descomposición que aparece en el papiro.

3. Fracción 2/61:

Si hacemos $x = 2$, el primer valor útil para t es 2, que da lugar a lo siguiente:

$$\frac{2}{61} = \frac{1}{52} + \frac{1}{122} + \frac{1}{244} + \frac{1}{793}$$

Si $x = 3$, tenemos que llegar a $t = 3$ para dar con la expresión:

$$\frac{2}{61} = \frac{1}{45} + \frac{1}{183} + \frac{1}{305} + \frac{1}{549}$$

Para $x = 4$, fabricamos la correspondiente tabla:

t	$427t + 16$	$7y - 4$	$7z - 4$	y	z	$(xyz)/t$	$61x$	$61y$	$61z$
1	443								
2	870								
3	1297								
4	1724								
5	2151								
6	2578								
7	3005								
8	**3432**	**52**	**66**	**8**	**10**	**40**	**244**	**488**	**610**

El valor $t = 8$ suministra la descomposición que da el papiro, que es preferible a las dos anteriores.

4. Fracción 2/73:

Probamos primero con $x = 2$. Para $t = 2$ tenemos que:

$$\frac{2}{73} = \frac{1}{60} + \frac{1}{146} + \frac{1}{365} + \frac{1}{876}$$

Ensayamos con $x = 3$:

t	$365t + 9$	$5y - 3$	$5z - 3$	y	z	$(xyz)/t$	$73x$	$73y$	$73z$
1	**374**	**17**	**22**	**4**	**5**	**60**	**219**	**292**	**365**

Ya tenemos la descomposición que aparece en la tabla. Como en ambas el primer denominador es igual (y en ninguna son todos pares), se decanta por aquella en que es menor el cuarto denominador.

5. Fracción 2/79:

Si hacemos $x = 2$, para $t = 4$ tenemos la expresión:

$$\frac{2}{79} = \frac{1}{60} + \frac{1}{158} + \frac{1}{790} + \frac{1}{948}$$

Como el último denominador es excesivo, probamos con $x = 3$:

t	$395t + 9$	$5y - 3$	$5z - 3$	y	z	$(xyz)/t$	$79x$	$79y$	$79z$
1	404								
2	**799**	**17**	**47**	**4**	**10**	**60**	**237**	**316**	**790**

Ya tenemos la descomposición que aparece en la tabla.

6. Fracción 2/83:

Si hacemos $x = 2$, para $t = 4$ tenemos:

$$\frac{2}{83} = \frac{1}{68} + \frac{1}{166} + \frac{1}{332} + \frac{1}{2822}$$

Si $x = 3$, para $t = 3$ tenemos esta otra:

$$\frac{2}{83} = \frac{1}{60} + \frac{1}{249} + \frac{1}{415} + \frac{1}{996}$$

Ambas son obviamente desechables. Para $x = 4$ fabricamos la tabla:

t	$581t + 16$	$7y - 4$	$7z - 4$	y	z	$(xyz)/t$	$83x$	$83y$	$83z$
1	597								
2	**1178**	**31**	**38**	**5**	**6**	**60**	**332**	**415**	**498**

7. Fracción 2/89:

Si $x = 2$, para $t = 3$ llegamos a la suma (cuyo denominador final es demasiado grande):

$$\frac{2}{89} = \frac{1}{78} + \frac{1}{178} + \frac{1}{267} + \frac{1}{3471}$$

En cambio, para $x = 3$ y $t = 3$ llegamos a esta otra (ninguno de cuyos denominadores es un número par):

$$\frac{2}{89} = \frac{1}{63} + \frac{1}{267} + \frac{1}{623} + \frac{1}{801}$$

Para $x = 4$ efectuamos la tabla:

t	$623t + 16$	$7y - 4$	$7z - 4$	y	z	$(xyz)/t$	$89x$	$89y$	$89z$
1	639								
2	1262								
3	1885								
4	**2508**	**38**	**66**	**6**	**10**	**60**	**356**	**534**	**890**

Y ya tenemos la descomposición del papiro.

Para la fracción 2/101 estos procedimientos son inaplicables, pues el denominador de la última fracción sale siempre mayor que mil.

¿Y porque las fracciones de cada descomposición tenían que ser distintas?

Las fracciones de cada descomposición siempre son distintas (y esto sí que no tiene ninguna excepción) ¿Y por qué no se puede escribir $2/9 = 1/9 + 1/9$? Esto ahorraría todos los cálculos anteriores.

La pregunta solo puede ser respondida conjeturalmente. Veremos después cómo la multiplicación se basa en duplicaciones sucesivas, y una segunda duplicación de $1/9$ nos daría cuatros sumandos, y una tercera ocho, lo cual haría todo muy incómodo. Con la ayuda de la tabla de fracciones unitarias, las sucesivas duplicaciones de $1/9$ se hacen de la siguiente manera:

$$2 \times \frac{1}{9} = \frac{1}{6} + \frac{1}{18}$$

$$4 \times \frac{1}{9} = \frac{1}{3} + \frac{1}{9}$$

$$8 \times \frac{1}{9} = \frac{2}{3} + \frac{2}{9} = \frac{2}{3} + \frac{1}{6} + \frac{1}{18}$$

$$16 \times \frac{1}{9} = 1 + \frac{1}{3} + \frac{1}{3} + \frac{1}{9} = 1 + \frac{2}{3} + \frac{1}{9}$$

$$32 \times \frac{1}{9} = 3 + \frac{1}{3} + \frac{2}{9} = 3 + \frac{1}{3} + \frac{1}{6} + \frac{3}{18}$$

Todas estas incomodidades se superan hoy día con la noción de numerador, que permite expresar la repetición de una misma fracción tantas veces como se quiera sin tener que escribirla todas esas veces, pero los matemáticos egipcios carecían de ella.

6 Otras descomposiciones en sumas de fracciones unitarias

La lista de descomposiciones en suma de fracciones unitarias que se ha visto en el capítulo precedente es la que más interés ha despertado entre los egiptólogos y más polémica ha generado. Pero hay algunas otras que se verán en este capítulo.

Las divisiones por diez

Después del catálogo de las fracciones del dos en el papiro Rhind, empieza la colección de problemas propiamente dicha. Los nueve primeros consisten en dividir un cierto número de panes entre diez personas, número que va desde uno (en el primer problema) hasta nueve (en el noveno). En cada uno de ellos se da un resultado, sin mayores explicaciones. Estos resultados se resumen en la siguiente tabla:

$\frac{1}{10}$	$\frac{1}{10}$	$\frac{4}{10}$	$\frac{1}{3}+\frac{1}{15}$	$\frac{7}{10}$	$\frac{2}{3}+\frac{1}{30}$
$\frac{2}{10}$	$\frac{1}{5}$	$\frac{5}{10}$	$\frac{1}{2}$	$\frac{8}{10}$	$\frac{2}{3}+\frac{1}{10}+\frac{1}{30}$
$\frac{3}{10}$	$\frac{1}{5}+\frac{1}{10}$	$\frac{6}{10}$	$\frac{1}{2}+\frac{1}{10}$	$\frac{9}{10}$	$\frac{2}{3}+\frac{1}{5}+\frac{1}{30}$

También aquí es legítimo preguntarse por los criterios seguidos para escoger una cierta expresión entre las muchas posibles. Aquellas que equivalen por sí mismas a una fracción unitaria no necesitan explicación. Las descomposiciones de las fracciones 3/10, 4/10 y 6/10 siguen el esquema siguiente:

$$\frac{n}{10}=\frac{1}{x}+\frac{1}{xy}$$

Esto da lugar a la ecuación:

$$(nx-10)y=10$$

Después hay que dar valores a x hasta conseguir que el número entre paréntesis sea divisor de diez. Ante varias posibilidades, se escoge la que haga más pequeña la diferencia entre los denominadores. Como ejemplo, se verán las posibilidades para la fracción 3/10:

x	$3x-10$	y
4	2	5
5	**5**	**2**

Las tres últimas fracciones, al ser mayor que dos tercios, incluyen a ésta entre los sumandos. Como 7/10 menos 2/3 ya es una fracción unitaria, la cosa no presenta mayores problemas.

Las descomposiciones de las fracciones 8/10 y 9/10 adoptan una pauta muy semejante las de las anteriores:

$$\frac{n}{10} = \frac{2}{3} + \frac{1}{x} + \frac{1}{xy}$$

Esto conduce a la ecuación:

$$(3nx - 20x - 30)y = 30$$

De ella se han de buscar soluciones enteras. Para la fracción 8/10, la búsqueda de soluciones da lugar a la tabla:

x	$4x - 30$	y
8	2	15
9	6	5
10	**10**	**3**

Se escoge la descomposición que se deduce de la última fila porque hace mínima la diferencia entre los dos últimos denominadores.

Los dos tercios de una cantidad

Para conocer la tercera parte de una cierta cantidad, a veces se calculaba previamente los dos tercios y a continuación su mitad. Por ejemplo, en el problema 30 se utiliza la fórmula:

$$\frac{2}{3} \times \left(13 + \frac{1}{23}\right) = 8 + \frac{2}{3} + \frac{1}{46} + \frac{1}{138}$$

Y en el problema 70, esta otra:

$$\frac{2}{3} \times \left(7 + \frac{1}{2} + \frac{1}{4} + \frac{1}{8}\right) = 5 + \frac{1}{4}$$

En otras ocasiones se pasa directamente al tercio de la cantidad, como si el escriba no tuviera a mano una tabla multiplicar por dos tercios.

Las fracciones del rollo de cuero

Ya se dijo que junto con el papiro Rhind fue adquirido un rollo de cuero que, debido a su mal estado, tardó mucho en ser desplegado y leído. Es un listado de fracciones unitarias descompuestas en sumas de fracciones unitarias:

$\frac{1}{8}$	$\frac{1}{10}+\frac{1}{40}$	$\frac{1}{16}$	$\frac{1}{30}+\frac{1}{50}+\frac{1}{150}+\frac{1}{400}$	$\frac{1}{15}$	$\frac{1}{30}+\frac{1}{45}+\frac{1}{90}$
$\frac{1}{4}$	$\frac{1}{5}+\frac{1}{20}$	$\frac{1}{15}$	$\frac{1}{25}+\frac{1}{50}+\frac{1}{150}$	$\frac{1}{16}$	$\frac{1}{24}+\frac{1}{48}$
$\frac{1}{3}$	$\frac{1}{4}+\frac{1}{12}$	$\frac{1}{6}$	$\frac{1}{9}+\frac{1}{18}$	$\frac{1}{12}$	$\frac{1}{18}+\frac{1}{36}$
$\frac{1}{5}$	$\frac{1}{10}+\frac{1}{10}$	$\frac{1}{4}$	$\frac{1}{7}+\frac{1}{14}+\frac{1}{28}$	$\frac{1}{14}$	$\frac{1}{21}+\frac{1}{42}$
$\frac{1}{3}$	$\frac{1}{6}+\frac{1}{6}$	$\frac{1}{8}$	$\frac{1}{12}+\frac{1}{24}$	$\frac{1}{30}$	$\frac{1}{45}+\frac{1}{90}$
$\frac{1}{2}$	$\frac{1}{6}+\frac{1}{6}+\frac{1}{6}$	$\frac{1}{7}$	$\frac{1}{14}+\frac{1}{21}+\frac{1}{42}$	$\frac{1}{20}$	$\frac{1}{30}+\frac{1}{60}$
$\frac{2}{3}$	$\frac{1}{3}+\frac{1}{3}$	$\frac{1}{9}$	$\frac{1}{18}+\frac{1}{27}+\frac{1}{54}$	$\frac{1}{10}$	$\frac{1}{15}+\frac{1}{30}$
$\frac{1}{8}$	$\frac{1}{15}+\frac{1}{25}+\frac{1}{75}+\frac{1}{200}$	$\frac{1}{11}$	$\frac{1}{22}+\frac{1}{33}+\frac{1}{66}$	$\frac{1}{32}$	$\frac{1}{48}+\frac{1}{96}$
		$\frac{1}{13}$	$\frac{1}{26}+\frac{1}{39}+\frac{1}{78}$	$\frac{1}{64}$	$\frac{1}{96}+\frac{1}{192}$

Las que se descomponen en suma de dos fracciones unitarias lo hacen siguiendo un modelo muy semejante al de las fracciones de dos del papiro Rhind:

$$\frac{1}{n}=\frac{1}{xy}+\frac{1}{ny}$$

De esto se deduce la ecuación:

$$x(y-1)=n$$

Salvo 1/4 y 1/8 en su primera aparición, en todos los casos se escoge la posibilidad que hace menor la distancia entre los denominadores. Para 1/8 las posibilidades son las siguientes:

x	$y-1$	y
1	8	9
2	**4**	**5**
4	**2**	**3**

Las que se descomponen en tres fracciones unitarias (excepto las dos primeras) siguen la pauta:

$$\frac{1}{n} = \frac{1}{2n} + \frac{1}{3n} + \frac{1}{6n}$$

Expresadas como suma de cuatro fracciones unitarias solo hay dos, y la segunda se deduce de la primera duplicando los denominadores.

La descomposición de una fracción en suma de fracciones unitarias en tiempos posteriores

El problema de descomponer una fracción cualquiera (y no necesariamente de numerador dos o uno) como suma de fracciones unitarias siguió preocupando a los matemáticos. En el siglo XIX, mucho después de que Ahmes copiara el célebre papiro, el matemático inglés James Joseph Sylvester (1814-1897) ideó un algoritmo muy simple para resolverlo.

Consideremos una fracción propia p/n (esto es, con $p < n$). Dividimos el numerador entre el denominador, lo cual significa encontrar dos números q y r (llamados cociente y resto) tales que $n = pq + r$ y $r < p$. Entonces:

$$\frac{p}{n} = \frac{p}{pq + r} = \frac{1}{q + (r/p)}$$

Ahora bien, como $r/p < 1$, sucede lo siguiente:

$$\frac{1}{q+1} < \frac{p}{n} < \frac{1}{q}$$

Esto evidencia que la fracción unitaria más cercana a p/n pero menor que ella es $1/(q + 1)$. Después aplicamos el mismo proceso a la fracción diferencia:

$$\frac{p}{n} - \frac{1}{q+1} = \frac{p(q+1)-n}{n(q+1)} = \frac{p(q+1)-(pq+r)}{n(q+1)} = \frac{p-r}{n(q+1)}$$

Como $p - r < p$, el numerador de cada fracción es siempre menor que el de la anterior, de modo que necesariamente se llega a una fracción unitaria. Sea, por ejemplo, la fracción $6/19$:

$$\frac{6}{19} = \frac{6}{6 \times 3 + 1} = \frac{1}{3 + (1/6)} > \frac{1}{4}$$

$$\frac{6}{19} - \frac{1}{4} = \frac{5}{76} = \frac{5}{15 \times 5 + 1} = \frac{1}{15 + (1/5)} > \frac{1}{16}$$

$$\frac{5}{76} - \frac{1}{16} = \frac{4}{1216} = \frac{1}{304}$$

Entonces la descomposición es la siguiente:

$$\frac{6}{19} = \frac{1}{4} + \frac{1}{16} + \frac{1}{304}$$

Este procedimiento tiene dos ventajas. La primera, que se sabe que el número de sumandos va a ser, como mucho, igual al numerador de la fracción. La segunda, que cada fracción unitaria es la mejor aproximación posible de la fracción que queremos descomponer menos la suma de las fracciones unitarias anteriores. Pero no garantiza que la expresión sea la más simple ni la más cómoda de manejar. De hecho, a ninguna de las descomposiciones que aparecen en el papiro Ahmes (salvo las de 2/5, 2/7, 2/11 y 2/23) se podría llegar a través de este camino.

7 Sumas, restas, multiplicaciones y divisiones

Un sistema aditivo no presenta grandes dificultades para sumar. Se juntan todas las cifras de ambos sumandos (las unidades de uno con las unidades del otro, las decenas de uno con las decenas de otro, y así sucesivamente) y después, cada diez unidades de un orden se sustituye por una unidad de orden superior. De modo muy semejante se pueden efectuar restas.

La multiplicación de números enteros

La multiplicación egipcia se basaba en la duplicación: uno de los factores se expresaba como suma de potencias de dos y se duplicaba sucesivamente el otro (cuando se sabe sumar, también se sabe multiplicar por dos). Queremos multiplicar, por ejemplo, 27 por 38. El primer factor, como suma de potencias de dos es $27 = 1 + 2 + 8 + 16$. Entonces:

$$1 \times 38 = 38*$$

$$2 \times 38 = 38 + 38 = 76*$$

$$4 \times 38 = 76 + 76 = 152$$

$$8 \times 38 = 152 + 152 = 304*$$

$$16 \times 38 = 304 + 304 = 608*$$

Se suman miembro a miembro las igualdades que llevan un asterisco (correspondientes a las potencias de dos que intervienen en el 27) y tenemos el resultado:

$$27 \times 38 = (16 + 8 + 2 + 1) \times 38 = 16 \times 38 + 8 \times 38 + 2 \times 38 + 1 \times 38$$
$$= 608 + 304 + 76 + 38 = 1026$$

La multiplicación de números fraccionarios

La multiplicación de números con fracciones se rige por el mismo principio que el que rige la de enteros, con la complicación añadida de que todas las fracciones (salvo la privilegiada 2/3), han de ser representadas como suma de fracciones unitarias. Si se desea multiplicar 1 + 1/3 + 1/5 por 30 + 1/3, hacemos 30 + 1/3 = 2 + 4 + 8 + 16 + 1/3, y actuamos como anteriormente:

$$1 \times \left(1 + \frac{1}{3} + \frac{1}{5}\right) = 1 + \frac{1}{3} + \frac{1}{5}$$

$$2 \times \left(1 + \frac{1}{3} + \frac{1}{5}\right) = 2 + \frac{2}{3} + \frac{2}{5} = 2 + \frac{2}{3} + \frac{1}{3} + \frac{1}{15} = 3 + \frac{1}{15}*$$

$$4 \times \left(1 + \frac{1}{3} + \frac{1}{5}\right) = 6 + \frac{2}{15} = 6 + \frac{1}{10} + \frac{1}{30}*$$

$$8 \times \left(1 + \frac{1}{3} + \frac{1}{5}\right) = 12 + \frac{1}{5} + \frac{1}{15}*$$

$$16 \times \left(1 + \frac{1}{3} + \frac{1}{5}\right) = 24 + \frac{2}{5} + \frac{2}{15} = 24 + \frac{1}{3} + \frac{1}{15} + \frac{1}{10} + \frac{1}{30}*$$

$$\frac{2}{3} \times \left(1 + \frac{1}{3} + \frac{1}{5}\right) = \frac{2}{3} + \frac{2}{9} + \frac{2}{15} = \frac{2}{3} + \frac{1}{6} + \frac{1}{18} + \frac{1}{10} + \frac{1}{30}$$

$$\frac{1}{3} \times \left(1 + \frac{1}{3} + \frac{1}{5}\right) = \frac{1}{3} + \frac{1}{12} + \frac{1}{36} + \frac{1}{20} + \frac{1}{60}*$$

Ahora sumamos miembro a miembro las igualdades que tienen asterisco (se observará que para multiplicar por un tercio, primero se multiplica por dos tercios y luego se toma la mitad):

$$\left(30 + \frac{1}{3}\right) \times \left(1 + \frac{1}{3} + \frac{1}{5}\right) = 2 \times \left(1 + \frac{1}{3} + \frac{1}{5}\right) + 4 \times \left(1 + \frac{1}{3} + \frac{1}{5}\right) +$$

$$+ 8 \times \left(1 + \frac{1}{3} + \frac{1}{5}\right) + 16 \times \left(1 + \frac{1}{3} + \frac{1}{5}\right) + \frac{1}{3} \times \left(1 + \frac{1}{3} + \frac{1}{5}\right)$$

$$= \left(3 + \frac{1}{15}\right) + \left(6 + \frac{1}{10} + \frac{1}{30}\right) + \left(12 + \frac{1}{5} + \frac{1}{15}\right) +$$

$$+ \left(24 + \frac{1}{3} + \frac{1}{15} + \frac{1}{10} + \frac{1}{30}\right) + \left(\frac{1}{3} + \frac{1}{12} + \frac{1}{36} + \frac{1}{20} + \frac{1}{60}\right)$$

$$= 46 + \frac{1}{5} + \frac{1}{10} + \frac{1}{12} + \frac{1}{15} + \frac{1}{30} + \frac{1}{36}$$

La división entera

La división se hacía según el mismo principio: se va duplicando el divisor hasta llegar a la máxima duplicación por debajo del dividendo (aunque a veces, en lugar de duplicar, se multiplica por diez). Queremos dividir, por ejemplo, 847 entre 33:

$$1 \times 33 = 33*$$

$$2 \times 33 = 66$$

$$4 \times 33 = 132$$

$$8 \times 33 = 264*$$

$$16 \times 33 = 528*$$

La siguiente duplicación supera a 847. Ahora sumamos miembro a miembro desde abajo, y si en algún paso la suma resulta ser mayor que el dividendo, saltamos ese sumando. En nuestro caso sirven aquellas igualdades que llevan un asterisco:

$$(1 + 8 + 16) \times 33 = 825$$

Del 825 al 847 van 22, de modo que $847 = 33 \times 25 + 22$.

División con números fraccionarios

Supongamos que se ha de dividir 100 entre 7 + 1/2 + 1/4 + 1/8. Igual que en el ejemplo precedente, vamos duplicando el divisor:

$$1 \times \left(7 + \frac{1}{2} + \frac{1}{4} + \frac{1}{8}\right) = 7 + \frac{1}{2} + \frac{1}{4} + \frac{1}{8}$$

$$2 \times \left(7 + \frac{1}{2} + \frac{1}{4} + \frac{1}{8}\right) = 15 + \frac{1}{2} + \frac{1}{4}$$

$$4 \times \left(7 + \frac{1}{2} + \frac{1}{4} + \frac{1}{8}\right) = 31 + \frac{1}{2}*$$

$$8 \times \left(7 + \frac{1}{2} + \frac{1}{4} + \frac{1}{8}\right) = 63*$$

La siguiente duplicación supera al cien. Sumamos desde abajo a arriba, de manera que el segundo miembro no resulte mayor que el dividendo, y nos quedamos con las dos que tienen asterisco:

$$12 \times \left(7 + \frac{1}{2} + \frac{1}{4} + \frac{1}{8}\right) = 94 + \frac{1}{2}$$

Todavía falta para llegar a 100. Multiplicamos por dos tercios:

$$\frac{2}{3} \times \left(7 + \frac{1}{2} + \frac{1}{4} + \frac{1}{8}\right) = 5 + \frac{1}{6} + \frac{1}{12}$$

Sumamos las dos últimas igualdades y resulta:

$$\left(12 + \frac{2}{3}\right) \times \left(7 + \frac{1}{2} + \frac{1}{4} + \frac{1}{8}\right) = 99 + \frac{3}{4}$$

Falta todavía 1/4 para llegar a 100. Ahora bien, de la cuarta multiplicación se deduce que el divisor multiplicado por 2/63 es 1/4. Entonces tenemos lo siguiente:

$$100 : \left(7 + \frac{1}{2} + \frac{1}{4} + \frac{1}{8}\right) = 12 + \frac{2}{3} + \frac{2}{63} = 12 + \frac{2}{3} + \frac{1}{42} + \frac{1}{126}$$

Problemas de compleción

Los problemas de restas de fracciones se resuelven con ayuda de unos números auxiliares que dejan entrever una cierta idea del mínimo común múltiplo de dos números. Por ejemplo, se quiere saber cuánto falta a dos tercios más un quinceavo hasta llegar a uno.

La idea consiste en sustituir las fracciones por números enteros. Estos números enteros auxiliares, que en el texto aparecen en rojo, aquí irán en negrilla. Si la unidad de divide en 15 partes, entonces:

1 se corresponde **15**

$\frac{2}{3}$ se corresponde **10**

$\frac{1}{15}$ se corresponde **1**

Entonces el número buscado se corresponde con **4**, y es 1/5 + 1/15.

8 Ecuaciones algebraicas

Varios de los problemas que aparecen en el papiro Rhind son ecuaciones de primer grado, que se resuelven mediante el llamado "método *aha*". La palabra *aha* significa *montón*, y se usa para referirse a una cantidad desconocida, lo que nosotros llamamos *incógnita*, que se ha de calcular teniendo como dato el resultado de ciertas operaciones de suma y resta entre ella y sus múltiplos (enteros o fraccionarios). En el lenguaje algebraico actual, se trata de resolver una ecuación del tipo siguiente:

$$ax + bx + cx = d$$

Los números a, b, c y d pueden ser enteros o fraccionarios. El método *aha*, llamado posteriormente *regla falsa*, consiste en dar a la incógnita un valor arbitrario x^* y hacer con él todo lo que el problema manda hacer. El resultado es un cierto número d^*. Si $d^* = d$, la solución es correcta. Si no es así, la proporción que hay entre la falsa solución y la buena es la misma que la que hay entre d^* y d.

Problema 26 del papiro Rhind

Una cantidad y su cuarta parte suman 15. ¿Cuál es la cantidad?

Un tratado contemporáneo traduciría la cuestión en la ecuación algebraica siguiente:

$$x + \frac{x}{4} = 15$$

Y diría lo siguiente: $x = (4/5)15 = 12$. En cambio, el escriba toma como falsa solución $x^* = 4$. Este número y su cuarta parte suman 5, y no 15, como debería de ser. Para obtener 15 a partir de 5 hay que multiplicar por 3. Entonces x es el resultado de multiplicar por 3 el valor de prueba 4, y resulta ser 12. En lugar de 4, se podría haber escogido cualquier otro número como falsa solución, pero es el más pequeño valor de todos los que evitan la aparición de fracciones.

Como se puede ver, este procedimiento utiliza implícitamente el carácter lineal del problema. Esto quiere decir que sobre la cantidad desconocida se han de sumar múltiplos o divisores de ella, pero no números. Si nos preguntaran, por ejemplo, sobre una cantidad sabiendo que al sumarle su tercera parte y el número 7 da lugar a 22, el método no funcionaría. Habría que utilizar la regla de doble falsa posición, pero esta regla no la conocían los egipcios, y en Europa no se supo de ella hasta que la trajeron los árabes, quienes a su vez la habían aprendido de los chinos.

Problema 29 del papiro Rhind

A una cierta cantidad se le suman sus dos terceras partes, a la suma se le añade su tercera parte, y la tercera parte de todo eso es 10. ¿Cuál es la cantidad?

El problema, en un texto actual daría lugar a la ecuación:

$$\frac{1}{3}\left[x + \frac{2}{3}x + \frac{1}{3}\left(x + \frac{2}{3}x\right)\right] = 10$$

Supongamos que la solución es 27:

$$27 + \frac{2}{3} \times 27 = 45 \qquad 45 + \frac{1}{3} \times 45 = 60 \qquad \frac{1}{3} \times 60 = 20$$

El resultado es el doble de lo que debería. Entonces la verdadera solución es la mitad de la falsa solución, esto es $13 + 1/2$.

Problema 40 del papiro Rhind

Repartir 100 barras de pan entre cinco personas, de tal modo que las raciones estén en progresión aritmética, y que la séptima parte de la suma de las tres raciones mayores sea igual a la suma de las dos más pequeñas. ¿Cuánto le toca a cada uno?

Supongamos que la primera persona recibe 1, y que la diferencia entre dos porciones es $5 + 1/2$. Entonces las porciones (según esta falsa solución) son:

$$1 \quad 6 + \frac{1}{2} \quad 12 \quad 17 + \frac{1}{2} \quad 23$$

La suma de todas ellas es 60. Buscamos el número que multiplicado por 60 da 100, que resulta ser $1 + 2/3$, y es lo que recibe la primera persona. La diferencia de la progresión es:

$$\left(5 + \frac{1}{2}\right) \times \left(1 + \frac{2}{3}\right) = 9 + \frac{1}{6}$$

El reparto final es el siguiente:

$$1 + \frac{2}{3} \qquad 10 + \frac{2}{3} + \frac{1}{6} \qquad 20 \qquad 29 + \frac{1}{6} \qquad 38 + \frac{1}{3}$$

Si llamamos x a la porción menor e y a la diferencia, el problema se puede resolver mediante el siguiente sistema:

$$x + 2y = 20$$

$$11x - 2y = 0$$

Si una sola falsa solución ha servido para las dos incógnitas, es porque la relación entre ambas es lineal: $y = (11/2)x$.

Un problema de segundo grado procedente del papiro de Berlín

Un cuadrado tiene una superficie de 100 unidades cuadradas, y es igual a la suma de las superficies de dos cuadrados, el lado de uno de los cuales es igual a la mitad más la cuarta parte del lado del otro. ¿Cuánto miden los lados de los cuadrados?

Si x es el lado de uno de los cuadrados, e y el lado del otro, entonces $x = (1/2 + 1/4)y = (3/4)y$. El problema se traduce en un sistema de segundo grado:

$$x^2 + y^2 = 100$$
$$4x - 3y = 0$$

Si como falso valor para la segunda incógnita tomamos $y^* = 1$, nos encontramos con que $x^* = 3/4$. La suma de las superficies de los falsos cuadrados es 25/16, y para llegar a 100 este número ha de ser multiplicado por 64. Entonces multiplicamos 9/16 y 1 por 64, y llegamos a 36 y 64, los valores correctos de los cuadrados de los lados. En consecuencia, las longitudes de éstos son 6 y 8.

La regla falsa, andando el tiempo

La regla falsa gozó de gran longevidad, y fue mejorada de tal modo que pudo ser utilizada en casos en los cuales es inaplicable la regla falsa de los egipcios, que ahora podemos llamar *regla falsa simple*, en contraposición a la *regla falsa doble* o *regla de doble falsa posición*. Se encuentra por primera vez en los *Nueve Capítulos sobre las Artes Matemáticas*, el texto matemático más importante de la antigua China escrito alrededor del año 250 a.C. y habría de ser, andando el tiempo, muy utilizada en el mundo árabe y en el occidente medieval. Se usa cuando un número desconocido da lugar a un cierto resultado después de sumar sobre él, no solo múltiplos o divisores suyos (en cuyo caso estaría indicada la regla de falsa posición simple), sino también números. El método consiste en coger un primer número x_1 como posible solución, y hacer con él las operaciones que indica el problema, y que tendrían que dar lugar, si fuera correcta, a un número d, fijado de antemano. Y sucede que el resultado es d_1. Si $d_1 = d$, el problema está resuelto. En caso contrario, a la diferencia e_1 entre lo que da y lo que debería dar la llamamos el primer error. A continuación probamos con otra posible solución x_2, que da lugar a un número d_2. Si $d_2 = d$, ya está, y si no, calculamos el segundo error e_2. Si ambos errores lo son por defecto o por exceso, la solución correcta es:

$$x = \frac{x_1 e_2 - x_2 e_1}{e_2 - e_1}$$

En cambio, si uno de los errores lo es por defecto y el otro lo es por defecto, entonces:

$$x = \frac{x_1 e_2 + x_2 e_1}{e_2 + e_1}$$

El ejemplo que viene a continuación procede del *Liber abaci* (publicado por Leonardo de Pisa en el año 1202):

Un obrero acuerda con su patrón recibir siete bizancios cada día de trabajo, y pagarle cuatro por cada día que no trabajase. Se trata de saber cuántos días ha trabajado durante un mes si al final recibió un bizancio.

Hoy día, el problema se expresaría a través de la siguiente ecuación algebraica (en cuyo primer miembro no solo aparecen múltiplos o divisores de la incógnita):

$$7x - 4(30 - x) = 1$$

Es fácil comprobar que en este caso la regla falsa simple no es operativa. Por la regla de la doble falsa posición, se resuelve de la siguiente manera. Si el obrero trabajó durante quince días, ganó 45 bizancios, luego el primer error es 44, por exceso. Si trabajó veinte días, ganó 100 bizancios, y el segundo error es 99, también por exceso. Entonces:

$$x = \frac{15 \times 99 - 20 \times 44}{99 - 44} = 11$$

Los días de trabajo fueron once. Si hubiéramos escogido nueve días como primera solución, el obrero hubiera perdido 21 bizancios, y el primer error sería 22 por defecto.

En este caso:

$$x = \frac{9 \times 99 + 20 \times 22}{99 + 22} = 11$$

9 Geometría

Cuando el Nilo inundaba las tierras era necesario volver a medir los campos y remarcar las lindes, a fin de que cada uno recobrara lo suyo. En opinión de Herodoto, de ahí adquirieron los griegos el arte de medir la tierra. Ahora bien, la geometría de los egipcios, más que una ciencia deductiva, era una colección de fórmulas de áreas y volúmenes, dadas sin demostración, aunque a veces sorprendentemente precisas. Para saber cómo se llegó a ellas no son los manuscritos lo suficientemente explícitos.

Superficie del círculo

El problema 50 del papiro Rhind da el siguiente procedimiento para calcular la superficie de terreno circular cuyo diámetro son nueve varas:

Debes sustraer de 9 su novena parte. Queda 8, que has de multiplicar por 8, lo cual hace 64. Ésa es la superficie del círculo.

Si R es el radio del círculo, la fórmula utilizada es la siguiente:

$$S = \left(2R - \frac{2}{9}R\right)^2 = \left(\frac{16}{9}\right)^2 R^2 = 3{,}160\ R^2$$

El valor de π está dado con un error de dos centésimas. ¿Cómo pudieron llegar a una tan buena aproximado de π? Una conjetura aceptada por muchos historiadores es la siguiente:

Consideramos el cuadrado circunscrito al círculo, cuyo lado es $2R$. Dividimos el cuadrado en nueve cuadrados iguales, y de los cuadrados de las esquinas eliminamos su mitad (ver Figura 1). Así, tenemos un octógono cuya superficie se aproxima a la del círculo. A partir de aquí, debieron razonar de esta manera:

$$\text{área del círculo} \cong \text{área del octógono} = 7\left(\frac{2}{3}R\right)^2$$

$$= \frac{7 \cdot 9}{9 \cdot 9}(2R)^2 \cong \frac{8 \cdot 8}{9 \cdot 9}(2R)^2 = \frac{256}{81}R^2$$

Se ha de tener presente que la primera y penúltima igualdades son aproximadas. En la penúltima se ha cambiado el siete por otro número un poco mayor y el nueve por otro número un poco menor.

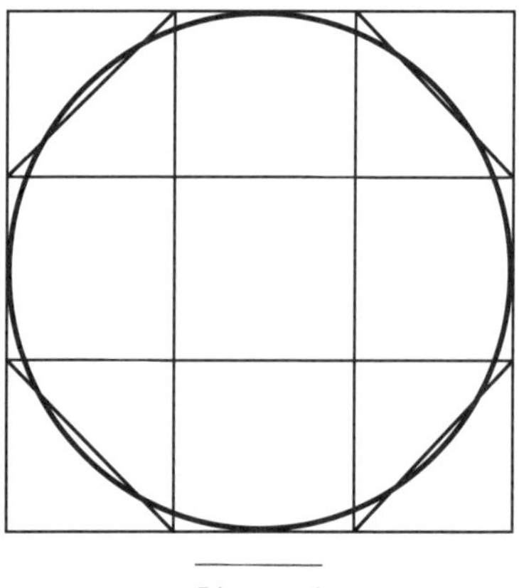

Figura 1

Este valor aproximado de π dado por Ahmes también es el utilizado en otros documentos, como en el papiro de Kahun, de manera que debió ser el usado habitualmente en Egipto. Además, conocían la proporción siguiente:

$$\frac{\text{área del círculo}}{\text{longitud de la circunferencia}} = \frac{\text{área del cuadrado circunscrito}}{\text{perímetro del cuadrado circunscrito}}$$

Superficie de un triángulo

El problema 51 del papiro Rhind explica cómo calcular la superficie de un triángulo de lado diez varas y base cuatro varas:

Tomarás la mitad de 4 (que es 2), para hacer un rectángulo. Multiplicarás 10 por 2, y ésa es su superficie.

Puesto que trata al lado como la altura, no cabe duda de que se refiere a un triángulo rectángulo. Lo de "hacer un rectángulo" lleva a suponer que el escriba utiliza un procedimiento gráfico: construir un rectángulo con la misma altura y base la mitad, y observar que el área del triángulo coincide con la del rectángulo (ver Figura 2).

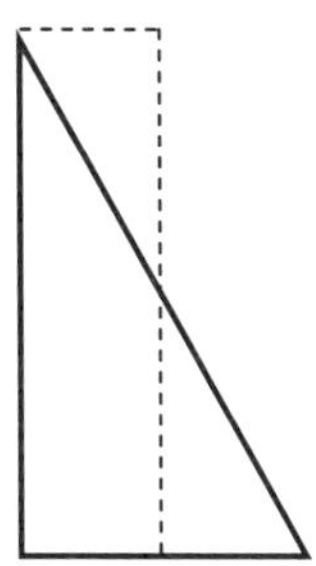

Figura 2

Superficie de un trapecio

En el problema 52, siguiente al anterior, se trata de calcular la superficie de un trapecio isósceles de bases 4 y 6 y altura 20:

Suma sus bases (y es 10), toma la mitad de 10 (que es 5), para hacer un rectángulo, y multiplica 20 y da 100.

En este caso se construye un rectángulo con la misma altura del trapecio y cuya base es la semisuma de las bases (Figura 3)

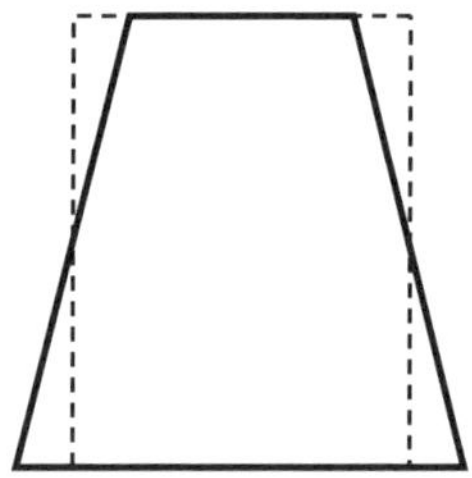

Figura 3

Inclinación de una pirámide

En el problema 56 del papiro Rhind hay algo así como un embrión de trigonometría. Al construir una pirámide es esencial saber la pendiente de sus lados, para que todos tengan la misma y sea uniforme en cada uno de ellos. Concretamente, pide calcular la inclinación (el "seqt") de una pirámide cuya base mide 360 codos de lado y su altura 250 codos.

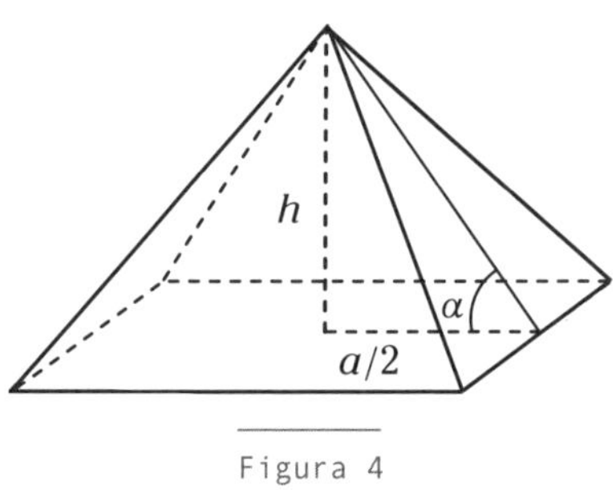

Figura 4

La mitad de 360 es 180. Divides 180 entre 250 y el cociente se multiplica por 7 (porque un codo son siete manos):

$$\frac{180}{250} = \frac{1}{2} + \frac{1}{5} + \frac{1}{50}$$

$$7 \times \left(\frac{1}{2} + \frac{1}{5} + \frac{1}{50}\right) = 5 + \frac{1}{25} \text{ manos por codo}$$

A la vista de la figura queda claro que lo que hace el problema es calcular la cotangente del ángulo α (en este caso $a/2 = 180$ y $h = 250$).

Dimensiones de un rectángulo cuya área se conoce

El problema 6 del papiro de Moscú pide calcular las dimensiones de un rectángulo cuya superficie es 12 y la relación entre la longitud y la anchura es $1/2 + 1/4$.

Repite $1/2 + 1/4$ *hasta que dé 1, y resulta* $1 + 1/3$*. Contar* $1 + 1/3$ *veces 12, y da 16. Después calcula la raíz cuadrada y da 4, que es la longitud, y la anchura es 3.*

De lo que se trata, en definitiva, es de resolver la siguiente ecuación de segundo grado (cuya incógnita es la longitud):

$$x^2\left(\frac{1}{2} + \frac{1}{4}\right) = 12$$

Al multiplicar 12 por el inverso de $1/2 + 1/4$ (que es $1 + 1/3$), lo que hace equivale a aislar en el primer miembro el cuadrado de la incógnita:

$$x^2 = x^2\left(\frac{1}{2} + \frac{1}{4}\right)\left(1 + \frac{1}{3}\right) = 12\left(1 + \frac{1}{3}\right) = 16$$

La longitud es 4 y la anchura 3 (la mitad más la cuarta parte de 4).

Sobre el área de una superficie curva

El problema 10 del papiro de Moscú es algo ambiguo, y se han dado de él dos interpretaciones distintas. Pide calcular el área de una cesta de apertura $4 + 1/2$, y al final de los cálculos da como solución 32. Según W. W. Struve (traductor al alemán del papiro de Moscú), se trata de una cesta semiesférica de diámetro $4 + 1/2$ (ver Figura 5).

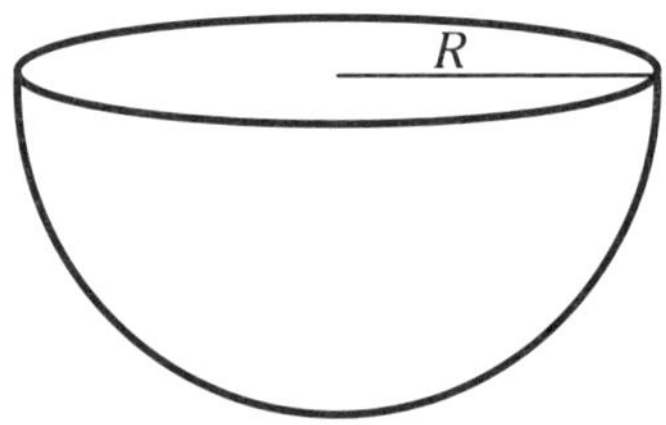

Figura 5

El resultado concuerda con los cálculos que se apoyan en esta hipótesis:

$$S = 2\pi R^2 = 2\frac{256}{81}\left[\frac{1}{2}\left(4+\frac{1}{2}\right)\right]^2 = 2\frac{256}{81}\left(\frac{9}{4}\right)^2 = 2\frac{256}{81}\frac{81}{16} = 32$$

Si la interpretación de Struve es correcta, los egipcios sabrían encontrar la superficie de una esfera, adelantándose así más de mil años a Arquímedes.

Pero el egiptólogo T. E. Peet (autor de la primera traducción del papiro Rhind) no se hace tantas ilusiones. Sostiene que el cesto tiene forma de teja de base cuadrada, y que la "abertura" es el lado del cuadrado (ver Figura 6).

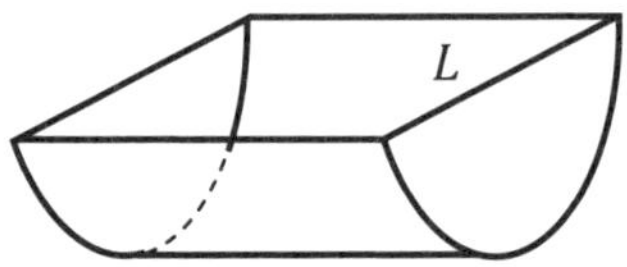

Figura 6

También ahora los cálculos avalan la conjetura:

$$S = \left(\pi \frac{L}{2}\right) L = \pi \frac{L^2}{2} = \frac{256}{81} \frac{1}{2} \left(\frac{9}{2}\right)^2 = \frac{256}{81} \frac{81}{8} = 32$$

Si Peet tiene razón, lo único que se demuestra es que los egipcios sabían calcular la superficie lateral de un cilindro, lo cual es un resultado mucho menos espectacular que el que se desprende de la primera interpretación.

Volumen de un tronco de pirámide

En el problema 14 del papiro de Moscú se calcula el volumen de un tronco de pirámide cuadrada:

Si tienes una pirámide truncada de altura 6 y de bases cuadradas de lados 4 y 2, debes coger el cuadrado de 4 (que es 16), después doblarlo (y da 8), después coger el cuadrado de 2 (que es 4), sumar las tres cosas (y da 28), después coger un tercio de 6 (que es 2), y multiplicarlo por 28, y da 56.

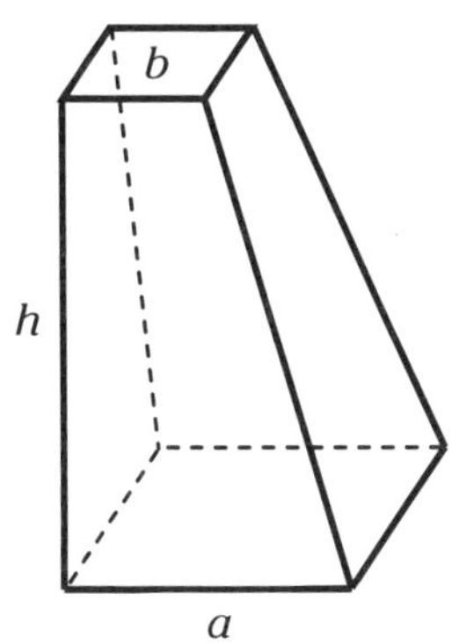

Figura 7

Las instrucciones no son más que la aplicación a un caso particular de la fórmula general del volumen de un tronco de pirámide cuadrada:

$$V = \frac{h}{3}\left(a^2 + ab + b^2\right)$$

(donde h es la altura y a y b los lados de las bases, como se puede ver en la Figura 7).

Si se hace $b = 0$, la fórmula da el volumen de la pirámide pero, curiosamente, no se ha encontrado ninguna referencia directa al cálculo del volumen de una pirámide completa.

Bibliografía

Sobre historia de la matemática en general y de la matemática egipcia en particular

BOYER, C. (1992), *Historia de la matemática*, Alianza Editorial, Madrid.

CHACE, A. B. (1979), *The Rhind Mathematical Papyrus*, The National Council of Teachers of Mathematics, Reston (Virginia).

GERICKE, H. (1984), *Mathematik in Antike und Orient*, Springer-Verlag, Berlín.

GHEVERGHESE, G. (1996), *La cresta del pavo real*, Ediciones Pirámide, Madrid.

GILLINGS, R. J. (1982), *Mathematics in the Time of the Pharaohs*, Dover Publications Inc., New York.

NEUGEBAUER, O. (1969), *The Exact Sciences in Antiquity*, Dover Publications Inc., New York.

VAN DER WAERDEN, B. L. (1983), *Geometry and Algebra in Ancient Civilizations,* Springer-Verlag, Berlín.

Sobre Egipto y su historia

ANÓNIMO (2007), *El libro egipcio de los muertos*, Editorial Sirio, Málaga.

ASIMOV, I. (2000), *Los egipcios*, Alianza Editorial, Madrid.

ARMOUR, R. (2004), *Dioses y mitos del antiguo Egipto*, Alianza Editorial, Madrid.

CERAM, C. V. (2008), *Dioses, tumbas y sabios*, Ediciones Destino, Barcelona

DESROCHES NOBLECLOURT, C. (2006), *La herencia del antiguo Egipto*, Edhasa, Barcelona.

— (2009), *Hatshepsut: la reina misteriosa*, Edhasa, Barcelona.

ENGUIX, R. (2005), *El antiguo Egipto*, Editorial Anaya, Madrid.

GROS DE BELER, A. (2011), *Egipto a tu alcance*, Oniro, Barcelona.

MANETÓN (2004), *Historia de Egipto*, Alianza Editorial, Madrid.

SEN MONTERO, F. (2006), *Los egipcios*, Edimat Libros, Madrid.

VIDAL MANZANARES, C. (1993), *Diccionario histórico del antiguo Egipto*, Alianza Editorial, Madrid.

Literatura egipcia o ambientada en Egipto y literatura juvenil

BERNAL TRIVIÑO, A. I. (2010), *Tutankamón el faraón niño*, Ediciones El Rompecabezas. Madrid.

CORDÓN HORNILLOS, S. (2010), *Cleopatra la divina*. Ediciones El Rompecabezas. Madrid.

CHRISTIE, A. (2009), *Muerte en el Nilo*, RBA Libros, Barcelona.

FLAUBERT, G. (2011), *El Nilo. Cartas de Egipto*, Gadir Editorial, Madrid.

GAUTHIER, T. (2004), *La novela de la momia*, Alianza Editorial, Madrid.

HERGE. (1994), *Tintín y los cigarros del faraón*, Editorial Juventud, Barcelona.

JACQ, C. (2000), *La pirámide asesinada*, Editorial Planeta, Barcelona.

— (1998), *El egiptólogo*, Editorial Debolsillo, Barcelona.

MAHZUF, N. (2011), *Rhadopis*, Edhasa, Barcelona.

— (2011), *La batalla de Tebas*, Edhasa, Barcelona.

— (2011), *La maldición de Ra*, Edhasa, Barcelona.

SALESAS, F. (2011), *Hipatia la maestra*, Ediciones El Rompecabezas. Madrid.

SÁNCHEZ FERNÁNDEZ, L. (2009), *Euclides el geómetra*, Ediciones El Rompecabezas. Madrid.

VALVERDE, M. (2011), *Rita y los ladrones de tumbas*, MacMillan, Madrid.

WALTARI, M. (2010), *Sinuhé el egipcio,* Plaza y Janés, Barcelona.